U0309501

航天科技图书出版基金资助出版

GNSS 掩星大气探测星座设计与构型控制方法研究

梁 斌 李 成 魏世隆 著

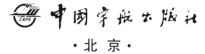

中国宇航出版社

·北京·

图书在版编目（CIP）数据

GNSS掩星大气探测星座设计与构型控制方法研究 / 梁斌，李成，魏世隆著 . --北京:中国宇航出版社，2018.5

ISBN 978 - 7 - 5159 - 1461 - 9

Ⅰ.①G…　Ⅱ.①梁…②李…③魏…　Ⅲ.①卫星导航－全球定位系统－应用－掩星－大气探测－研究

Ⅳ.①P1

中国版本图书馆 CIP 数据核字（2018）第 079669 号

责任编辑　彭晨光

责任校对　祝延萍　　　　　封面设计　宇星文化

出　版
发　行　**中国宇航出版社**

社　址　北京市阜成路 8 号　　　邮　编　100830
　　　　（010）60286808　　　（010）68768548
网　址　www.caphbook.com
经　销　新华书店
发行部　（010）60286888　　　（010）68371900
　　　　（010）60286887　　　（010）60286804（传真）
零售店　读者服务部
　　　　（010）68371105
承　印　河北画中画印刷科技有限公司
版　次　2018 年 5 月第 1 版　　2018 年 5 月第 1 次印刷
规　格　880×1230　　　　　开　本　1/32
印　张　8.25　　　　　　　字　数　230 千字
书　号　ISBN 978 - 7 - 5159 - 1461 - 9
定　价　68.00 元

航天科技图书出版基金简介

航天科技图书出版基金是由中国航天科技集团公司于2007年设立的，旨在鼓励航天科技人员著书立说，不断积累和传承航天科技知识，为航天事业提供知识储备和技术支持，繁荣航天科技图书出版工作，促进航天事业又好又快地发展。基金资助项目由航天科技图书出版基金评审委员会审定，由中国宇航出版社出版。

申请出版基金资助的项目包括航天基础理论著作，航天工程技术著作，航天科技工具书，航天型号管理经验与管理思想集萃，世界航天各学科前沿技术发展译著以及有代表性的科研生产、经营管理译著，向社会公众普及航天知识、宣传航天文化的优秀读物等。出版基金每年评审1～2次，资助20～30项。

欢迎广大作者积极申请航天科技图书出版基金。可以登录中国宇航出版社网站，点击"出版基金"专栏查询详情并下载基金申请表；也可以通过电话、信函索取申报指南和基金申请表。

网址：http://www.caphbook.com

电话：(010) 68767205，68768904

目　录

第1章　绪论 ……………………………………………………………… 1

1.1　课题背景及研究目的和意义 ……………………………………… 1

1.2　国内外研究现状 …………………………………………………… 3

1.2.1　天基 GNSS 掩星大气探测技术研究现状 …………………… 3

1.2.2　卫星星座研究现状 …………………………………………… 13

1.2.3　GNSS 掩星大气探测星座研究现状 ………………………… 20

1.2.4　GNSS 掩星大气探测星座部署方法研究现状 ……………… 23

1.2.5　星座构型保持策略研究现状 ………………………………… 25

1.3　主要研究内容及章节安排 ………………………………………… 27

第2章　GNSS 掩星大气探测星座研究 ……………………………… 30

2.1　引言 ………………………………………………………………… 30

2.2　天基 GNSS 掩星大气探测方法 …………………………………… 31

2.2.1　地球大气 ……………………………………………………… 31

2.2.2　GNSS 气象学 ………………………………………………… 32

2.2.3　GNSS 运行状态 ……………………………………………… 33

2.2.4　天基 GNSS 掩星大气探测原理 ……………………………… 37

2.2.5　天基 GNSS 掩星大气探测特点 ……………………………… 38

2.3　GNSS 掩星大气探测星座研究 …………………………………… 39

2.3.1　GNSS 掩星大气探测系统组成 ……………………………… 39

2.3.2　GNSS 掩星大气探测任务分析 ……………………………… 42

　　2.3.3　GNSS 掩星大气探测星座研究框架 ••••••••••••••• 45

2.4　GNSS 掩星大气探测星座轨道动力学建模 ••••••••••• 48

　　2.4.1　星座构型描述 •••••••••••••••••••••••••••••• 48

　　2.4.2　LEO 卫星轨道摄动方程 ••••••••••••••••••••• 49

　　2.4.3　卫星轨道参数转换算法 ••••••••••••••••••••• 52

　　2.4.4　卫星轨道与星座模型及符号定义 ••••••••••••• 55

2.5　本章小结 ••••••••••••••••••••••••••••••••••••• 56

第 3 章　GNSS 掩星大气探测星座性能预估方法 ••••••••••• 57

3.1　引言 ••• 57

3.2　前向掩星模拟 ••••••••••••••••••••••••••••••••• 58

　　3.2.1　方法描述与问题分析 ••••••••••••••••••••••• 58

　　3.2.2　GNSS RO 信号传播路径模拟方案 ••••••••••• 59

　　3.2.3　基于指数大气模型的前向掩星模拟算法 ••••••• 66

　　3.2.4　仿真分析 ••••••••••••••••••••••••••••••••• 70

3.3　GNSS 掩星大气探测星座探测性能评价指标 ••••••••• 74

　　3.3.1　GNSS 掩星大气探测数据需求分析 ••••••••••• 74

　　3.3.2　掩星探测量与探测域指标 ••••••••••••••••••• 75

　　3.3.3　"双栅"均匀度评价指标 ••••••••••••••••••••• 77

3.4　GNSS 掩星大气探测性能预估仿真系统设计与实现 ••••• 79

　　3.4.1　组成与功能设计 •••••••••••••••••••••••••••• 79

　　3.4.2　工作模式设计 ••••••••••••••••••••••••••••• 80

　　3.4.3　功能模块设计 ••••••••••••••••••••••••••••• 83

　　3.4.4　仿真试验 ••••••••••••••••••••••••••••••••• 86

3.5　本章小结 ••••••••••••••••••••••••••••••••••••• 89

第 4 章　GNSS 掩星大气探测星座设计 ················ 90

4.1　引言 ······································· 90

4.2　虚拟"星-地"遥感建模方法 ················ 91

4.2.1　GNSS 掩星测点分布特性分析 ············ 91

4.2.2　虚拟"星-地"遥感建模 ················ 92

4.3　GNSS 掩星大气探测星座设计准则 ············ 98

4.3.1　星座参数对探测量影响性分析 ············ 98

4.3.2　星座参数对探测覆盖域影响性分析 ········ 101

4.3.3　星座参数对探测覆盖均匀度影响性分析 ···· 104

4.3.4　GNSS 掩星大气探测星座参数设计准则 ···· 105

4.4　智能优化算法 ···························· 107

4.4.1　遗传算法 ···························· 108

4.4.2　蚁群算法 ···························· 109

4.5　基于"双栅"评价指标的掩星大气探测星座优化设计

·· 112

4.5.1　GPS 掩星大气探测星座优化设计 ········ 112

4.5.2　BDS 掩星大气探测星座优化设计 ········ 113

4.5.3　BDS＋GPS 掩星大气探测星座优化设计 ···· 117

4.5.4　4－GNSS 掩星大气探测星座优化设计 ······ 121

4.5.5　仿真分析 ···························· 125

4.6　本章小结 ······························ 130

第 5 章　GNSS 掩星大气探测星座部署方法与策略 ···· 132

5.1　引言 ······························· 132

5.2　问题描述 ······························ 133

5.3　玫瑰星座部署方法 ······················ 133

　　5.3.1　玫瑰星座部署原理 ·················· 133

　　5.3.2　停泊轨道设计 ····················· 138

　　5.3.3　星座部署次序规划 ················· 142

　5.4　玫瑰星座部署策略设计 ··················· 146

　　5.4.1　星座部署影响因素分析 ············· 146

　　5.4.2　单星部署轨道机动时序规划 ········· 158

　5.5　GNSS掩星大气探测星座部署策略仿真 ····· 169

　　5.5.1　仿真参数设置 ····················· 169

　　5.5.2　仿真结果 ························· 171

　5.6　本章小结 ····························· 177

第6章　GNSS掩星大气探测星座构型保持策略 ········· 178

　6.1　引言 ································· 178

　6.2　星座构型漂移特性分析 ················· 178

　　6.2.1　标称构型稳定性分析 ··············· 179

　　6.2.2　偏差构型漂移特性分析 ············· 180

　6.3　星座构型保持策略 ····················· 184

　　6.3.1　相对升交点赤经保持策略 ··········· 184

　　6.3.2　绝对相位保持策略 ················· 185

　　6.3.3　相对相位保持策略 ················· 188

　6.4　构型保持策略仿真 ····················· 189

　　6.4.1　仿真参数设置 ····················· 189

　　6.4.2　绝对相位保持策略仿真 ············· 190

　　6.4.3　相对相位保持策略仿真 ············· 191

　　6.4.4　比较分析 ························· 199

　6.5　本章小结 ····························· 199

第 7 章　星座部署与构型保持决策系统的设计与实现 ············ 200

7.1　引言 ··· 200

7.2　组成与功能设计 ··· 200

7.3　工作模式设计 ··· 205

　　7.3.1　星座部署仿真工作模式设计 ························· 205

　　7.3.2　掩星星座构型保持仿真工作模式设计 ··············· 207

7.4　功能模块设计 ··· 209

　　7.4.1　仿真调度与数据管理模块 ························· 209

　　7.4.2　用户交互功能模块 ······························· 210

　　7.4.3　星座部署策略模块 ······························· 211

　　7.4.4　星座构型保持策略模块 ··························· 212

　　7.4.5　轨道仿真模块 ··································· 212

　　7.4.6　轨道预报模块 ··································· 216

　　7.4.7　数据可视化功能模块 ····························· 217

　　7.4.8　网络通信接口功能模块 ··························· 217

7.5　仿真试验 ··· 218

　　7.5.1　星座部署决策试验 ······························· 218

　　7.5.2　星座构型保持决策试验 ··························· 227

7.6　本章小结 ··· 238

第 8 章　结论 ··· 239

参考文献 ··· 241

第 1 章　绪论

1.1　课题背景及研究目的和意义

随着科技的发展和人类活动向高层大气的拓展，天气、气候和环境变化及其影响、预测、控制研究是目前大气科学研究的重要前沿，也是航天工业发展和各国国家安全、公共安全以及人类与自然和谐可持续发展的保障[1]。

20 世纪 90 年代，出现了一门以美国全球定位系统（GPS）导航无线电信号为信源，利用无线电掩星（RO）大气探测技术对地球大气进行间接探测的新兴学科，即 GPS 气象学[2]。GPS 气象学是一门融合卫星动力学、大地测量学和气象学的交叉学科。近年来，俄罗斯格洛纳斯全球导航卫星系统（GLONASS）、欧洲伽利略卫星导航定位系统（Galileo）以及我国的北斗（BDS）等全球导航定位系统的组建和完善，扩充了用于大气探测的无线电信号来源。"GPS 气象学"这一名词逐步被"全球导航卫星系统（GNSS）气象学"所取代。基于 GNSS 气象学的 GNSS 掩星大气探测相比传统大气探测手段具有垂直分辨率高的优点，特别是天基 GNSS 掩星大气探测更具有长期稳定性好、可实现全球覆盖、可全天候获取中性大气和电离层环境信息等显著优势，极适合用于大气模型的搭建及修正、近实时大气探测及大气参数资料累积，蕴含巨大的科研及应用价值，日渐成为相关学科的研究热点[2-4]。

自美国于 1995 年发射首颗 GNSS 掩星大气探测技术试验卫星以来，美国、德国和包括我国在内的十多个国家和组织已相继发射了 20 余颗具备 GNSS 掩星大气探测功能的低轨道（LEO）卫星。为了探测到足够多的掩星事件，需要用一定数量的卫星构成卫星星座进行 GNSS 掩星大气探测。近年来，美国和欧盟已从试验型单星系统向业务型多星星座系统研究过渡，且取得了一定进展。

与发达国家相比，我国气象研究应用中存在大气基础观测资料不完整、不系统、自主大气探测数据不足的现状，数值天气预报系统与欧美同类系统相比精准度存在差距。作为一个气象大国、军事大国、航天大国，我国对 GNSS 无线电掩星大气探测卫星系统技术的掌握和应用势在必行。

作为一门新兴技术，GNSS 掩星大气探测技术拓展了 LEO 卫星应用领域，开辟了崭新的航天任务类型。然而，国内外对 GNSS 掩星大气探测卫星系统的研究主要围绕探测数据反演算法和星载 GNSS 掩星接收机追踪记录掩星信号技术展开，探测星座相关技术研究历程较短，研究成果寥寥[5-12]。随着星载接收机和数据反演技术的快速发展和成熟，GNSS 掩星大气探测星座技术的相对滞后对 GNSS 掩星大气探测技术发展应用的阻碍日益明显[13-18]。由于 GNSS 掩星大气探测具有临边探测特点，GNSS 掩星大气探测星座与通信、导航、对地光学遥感等建立于"星-地"关系基础上的常规卫星星座在任务形式上存在显著不同，需融合 GNSS 导航定位技术、无线电掩星技术与 LEO 卫星星座技术，基于"星-星-地"关系建立星座任务模型。这使得 GNSS 掩星大气探测星座研究从根本上难以套用常规星座研究成果，必须建立 GNSS 掩星大气探测卫星星座研究这一崭新的星座研究体系，从而突破 GNSS 掩星大气探测系统工程化应用的瓶颈。

为弥补我国现阶段大气探测技术的缺陷，改善我国气象研究应用现状，加快掌握和应用 GNSS 掩星大气探测技术的步伐，本书论述了"GNSS 掩星大气探测卫星星座设计与部署策略研究"这一课题，对 GNSS 掩星大气探测原理与方法、GNSS 掩星大气探测星座探测性能分析与测度、GNSS 掩星大气探测星座设计、GNSS 掩星大气探测星座部署和 GNSS 掩星大气探测星座地面仿真系统等方面展开研究，为 GNSS 掩星大气探测卫星星座的研制与组建奠定基础，可提高我国 GNSS 掩星大气探测技术工程化应用能力。

1.2　国内外研究现状

1.2.1　天基 GNSS 掩星大气探测技术研究现状

自 20 世纪末 GNSS 掩星大气探测技术问世以来，以美国为首的气象大国纷纷启动并开展了一系列的相关理论研究及在轨验证试验，取得了令人瞩目的成绩，天基 GNSS 掩星大气探测技术的优势和效益日益彰显。本节将对美国、德国等在这一领域处于领先地位的国家与地区的天基 GNSS 掩星大气探测技术研究情况进行综述。通过国外 GNSS 掩星大气探测卫星系统宝贵的成功案例，探索我国在 GNSS 掩星大气探测卫星星座系统领域的发展思路。

1.2.1.1　美国 GNSS 掩星大气探测项目

拥有 GPS 的美国早在 20 世纪 90 年代就已经开始了 GNSS 掩星大气探测技术研究，并取得了卓越的成果，在国际上一直处于领先地位。

（1）GPS 气象试验计划

GPS 气象试验计划（GPS/MET）于 1993 年公布，于 1995 年 4 月发射全球首颗试验性 GNSS 无线电掩星大气探测卫星——微型实验室-1（MicroLab-1），1997 年试验结束。该项目是全球首个 GNSS 掩星大气探测项目，通过探测 GPS RO 事件进行地球大气探测。

MicroLab-1 卫星由美国大学大气研究联合会研制，卫星质量约 68 kg，卫星轨道高度 775 km，轨道倾角 70°，采用重力梯度杆实现卫星姿态控制。通过在轨飞行试验，演示验证 GNSS 掩星大气探测卫星功能，在轨状态如图 1-1 所示。MicroLab-1 星上主载荷为基于地面 GPS 接收机改造的星载无码 GPS 接收仪 TRSR，可同时跟踪 8 颗 GPS 卫星的信号。由于 MicroLab-1 卫星天线指向卫星运动反方向，只可以探测下降掩星，每日探测掩星数量约为 250 次。此外，因受星上存储器及早期 GPS 地面站覆盖限制，使得 MicroLab-1 卫星在最优运行状态下每天探测掩星事件不足 150 次。MicroLab-1 获取的掩星数据经反演给出了 GPS/MET 掩星探测中传播路径弯曲角和大气折射率的垂直剖面，首次从理论和技术上证实了 GNSS 无线电掩星探测技术用于探测地球大气的可行性[19]。

图 1-1　MicroLab-1 在轨演示图

（2）阿根廷科学卫星计划（SAC-C）

SAC-C 项目是由美国和阿根廷合作的一项国际卫星计划。多功能卫星 SAC-C 于 2000 年 11 月发射，卫星质量约 475 kg，卫星轨道高度 705 km，轨道倾角 98.2°，星上搭载由美国国家航空航天局喷气推进实验室（JPL）研制的星载 GPS 掩星接收仪 BlackJack，作为 GNSS 掩星大气探测试验载荷。在 2001 年内，受掩星接收仪跟踪算法限制，SAC-C 只能观测下降掩星事件，每天探测掩星事件约 250 次。2005 年，JPL 改进了 BlackJack 的掩星跟踪算法，不再采用锁相环模式记录无线电信号，转而改用开环跟踪技术，解决了之前无法探测上升掩星的难题。SAC-C 在轨验证了该改进算法可同时实现上升和下沉掩星事件探测，掩星探测数量提高至约 500 次/天[20]。

（3）地球重力场测量及气候试验项目

美国与德国合作的重力校正及气候试验项目（GRACE）是以地球重力场测量为主的多任务卫星计划，于 2002 年 3 月发射。GRACE 项目中包含两颗 LEO 卫星，单星质量约 487 kg，轨道高度 485 km，轨道倾角 89°，两颗卫星共面相距 220 km，在轨状态如图 1-2 所示。每颗 GRACE 卫星上均搭载了 JPL 研制的星载 GPS 掩星接收仪 BlackJack，在轨演示试验 GNSS 掩星大气探测技术。每颗 GRACE 卫星仅在单侧安装了一组 GPS 接收天线，相应地，每颗卫星每天探测掩星事件约为 200～250 次[21]。

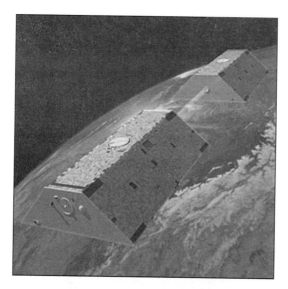

图 1-2　GRACE 在轨演示图

（4）气象学、电离层及气候的星座观测系统（COSMIC）星座

COSMIC 系列项目是由美国大学大气研究联合组织发起，美国与台湾地区等多方参与的 GNSS 掩星大气探测星座系列计划[22]。

FORMOSAT-3/COSMIC 是全球首个 GNSS 掩星大气探测卫星星座在轨演示试验计划，星座内卫星编号为 FM1～FM6，于 2006 年 4 月经一箭六星发射进入高约 516 km 的圆形停泊轨道上。利用轨道高度差产生的轨道面进动速度差和卫星轨道角速度差，通过分配星座内各卫星在停泊轨道上的运行时间，分散星座内卫星间相对位置，至 2007 年 12 月完成星座部署。星座内卫星工作轨道高度为800 km（FM3 因太阳翼故障停留在 720 km 高度轨道运行），轨道倾角为 72°。相邻轨道升交点赤经间隔 30°，纬度幅角间隔 52.5°，星座在轨状态如图 1-3 所示。COSMIC 卫星星座由美国轨道科学公司负责卫星总体研制，单星质量约 61 kg，星上搭载 JPL 设计的星载 GPS掩星接收机 IGOR，在卫星飞行前后方向各装有一组高增益掩星探测天线，可实现上升和下降掩星事件探测。除大气探测外，COSMIC 卫星还能进行地球重力场探测，并具有接收卫星定位信息等功能[22-25]。

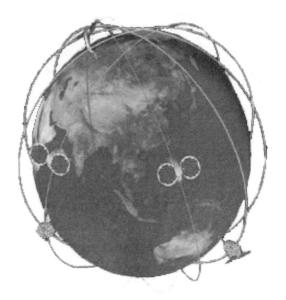

图 1-3　COSMIC 卫星星座

作为试验卫星星座，COSMIC 星座研制中采用了较多的测试性设计。在星座部署初期，COSMIC 研发小组为缩减星座部署时长，曾设想将星座内轨道面间隔从原计划 30°降至 24°。后经模拟仿真发现，轨道面间隔减小所造成的掩星探测数据分布均匀度代价较大。因此，在约 1 个月的研究讨论后，才继续在原设计方案上开展星座部署。此外，由于卫星平台性能不稳定，COSMIC 在轨运行期间出现多重技术故障，造成星上载荷间断性工作，天线信噪比降低等问题，减少了掩星数据获取量。2006—2011 年间，COSMIC 星座实际掩星探测量均值约 2 500 次/天，仅为期望值的 5/6，近似等同于星座内一颗卫星失效。同时，由于卫星姿态控制不稳定等原因，所获取的原始掩星探测数据只有 60%～70% 可有效处理用于气象观测研究[3-5]。因此，COSMIC 系统每日仅获取约 2 000 组有效掩星数据，低于期望值 20%。由于存在间断性工作的情况，星座所获取的掩星事件分布随机性增强，掩星事件的时空分布均匀性不理想[22,26-29]。

　　虽然存在瑕疵，COSMIC 仍取得了巨大成功，拥有来自包括我国在内的 50 多个国家和地区的近 800 个研究机构用户和合作伙伴，其数据产品已被成功用于大气科学基础研究、同化气象卫星等其他大气探测技术所得数据资料、提升数值气象预报模型精度和电离层电子密度探测等研究和应用，并激发了气象研究者对此类数据的强烈需求[30-34]。它的成功彰显了 GNSS 掩星大气探测星座的应用价值，并为未来的 GNSS 掩星大气探测星座的研制提供了宝贵的经验。

　　筹备中的 FORMOSAT‑7/COSMIC Ⅱ 计划是首个业务型 GNSS 掩星大气探测星座项目，在 COSMIC 研制经验的基础上进行了大量改进。一方面，COSMIC Ⅱ 星座将选用新型 GNSS 掩星接收机，在探测 GPS 掩星信号的基础上，将增添 Galileo/GLONASS 掩星事件跟踪探测功能；另一方面，COSMIC Ⅱ 卫星相比 COSMIC 卫星增添了系统稳定性、可靠性和冗余性设计理念，卫星不再沿用 MicroSat 平台，卫星质量增至约 150 kg。此外，COSMIC Ⅱ 星座还增添了低倾角轨道卫星子星座来扩充低纬度带掩星探测数据[35]。

　　COSMIC Ⅱ 是一个预期中相当先进的系统，其星座构型经过了长时间的论证，论证中考虑将 12 颗卫星分别放置于 24° 倾角和 72° 倾角的圆形轨道上，形成了 12＋0、8＋4、6＋6、4＋8 等多种备选构型方案。经过数值仿真分析比较，以掩星事件分布均匀度最优为目标，最终选择了 6＋6 构型作为新的星座构型方案，星座构型如图 1－4 所示。COSMIC Ⅱ 各备选构型方案及 COSMIC 星座的全球掩星点分布对比如图 1－5 所示[36,37]。

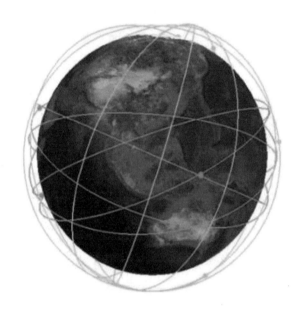

图 1－4　COSMIC Ⅱ 卫星星座

　　COSMIC Ⅱ 星座部署分为两个阶段实施，每阶段各部署一组探测卫星，每组 6 颗卫星。第一阶段计划于 2018 年发射部署，每颗星一个轨道面，均布于 24°倾角、550 km 高度的低倾角轨道上，形成中低纬度区域掩星探测能力，第二阶段预计于 2020 年发射部署，每颗星一个轨道面，均布于 72°倾角、720 km 高度的高倾角轨道，形成全球 12 000 次/天的掩星探测能力。其中，第二阶段与 6 颗业务卫星一同发射的还将有 1 颗台湾地区研制的小卫星，以验证台湾地区独立研制生产小卫星的能力，并可作为星座系统的备份星。

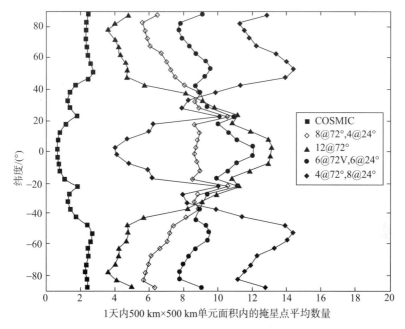

图 1-5　COSMIC Ⅱ 不同星座构型方案掩星点分布对比

1.2.1.2　德国 GNSS 掩星大气探测项目

挑战性的超小卫星有效载荷（CHAMP）项目是由德国地球科学研究中心提出的单颗小卫星计划。CHAMP 卫星于 2000 年 7 月发射，主载荷包括磁强计、激光反射器、加速度计和星载 GPS 掩星接收机 BlackJack 等。卫星质量约为 522 kg，运行在近圆轨道上。轨道高度 454 km，轨道倾角 87.2°，在轨状态如图 1-6 所示[38]。

2001 年 2 月，作为首颗高精度姿态控制 GNSS 掩星大气探测技术在轨试验卫星，CHAMP 卫星开始获取高质量的掩星探测数据，掩星事件持续时间均不低于 30 s。将基于 CHAMP 原始掩星探测数据反演所得的大气数据与欧洲中尺度天气预报中心提供的大气数据相比较，发现两者具有良好的一致性，低纬度地区上空大气温度偏差小于 1 K，中高纬度上空大气温度偏差小于 5 K。已有 3 个等级的 CHAMP 掩星数据和相关产品公开发布。

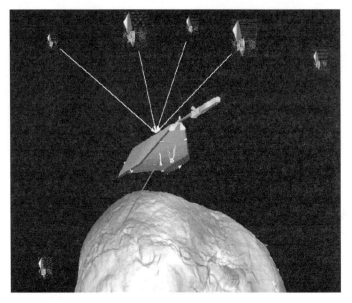

图 1-6　CHAMP 在轨示意图

1.2.1.3　欧洲空间局 GNSS 掩星大气探测项目

（1）气象卫星运营计划（MetOp）项目

MetOp 项目是由欧洲空间局和欧洲气象探测卫星组织研发替代泰罗斯电视和红外观察卫星系统（TIROS）的卫星项目，共包含 3 颗多功能极轨气象卫星。2006 年 10 月，MetOp - A 卫星发射。MetOp - A 运行在太阳同步轨道上，卫星质量约为 4 093 kg，轨道高度 817 km，轨道倾角 98.7°，在轨状态如图 1 - 7 所示。卫星姿态控制采用三轴稳定模式，星上搭载 GPS 掩星接收机 GRAS，每天探测 GPS 掩星事件不低于 500 次。2012 年 9 月，MetOp - B 卫星发射，MetOp - C 预计于 2018 年发射[39]。

（2）ACE＋项目

ACE＋计划是基于大气气象试验（ACE）和对流层与平流层的水气与温度（WATS）等欧洲空间局研究项目设立的。特别是，ACE＋计划在进行 GNSS 掩星大气探测的同时，在轨演示验证

图 1 - 7　MetOp - A 在轨示意图

CALL 掩星（Cross - Atmosphere LEO - LEO Sounder）技术。即利用在 LEO 卫星与 LEO 卫星间传播的无线电信号进行掩星大气探测[40]。

　　ACE＋星座包含 4 颗微小 LEO 卫星，卫星两两分布在同一轨道面内的 2 条逆向极地轨道上，轨道高度分别约为 650 km 和 850 km，同轨道高度卫星相角间隔 180°，星座构型如图 1 - 8 所示。ACE＋星座将通过 2～3 次火箭发射将星座内 4 颗卫星分批送入预定轨道。ACE＋卫星搭载的 GRAS＋接收机可兼容观测 GPS 和 Galileo 掩星信号，星座中还将由 2 颗卫星发射 X 波段和 K 波段信号，其逆向运行的另外 2 颗卫星接收这些信号，实现 CALL 掩星探测。

　　ACE＋预期可进行 GNSS 掩星观测 5 000 次/天，CALL 掩星观测 230 次/天。ACE＋星座主要探测区域分布在高纬度地区，将有利于解决该地区的气候研究和监测问题。

1.2.1.4　天基 GNSS 掩星大气探测技术发展分析

　　由上述各国天基 GNSS 掩星大气探测项目的发展历程可见，各

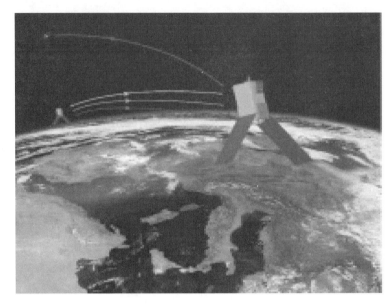

图 1-8　ACE＋在轨示意图

航天及气象大国和地区都在积极、合理地规划天基 GNSS 掩星大气探测技术研究及应用发展路线，循序渐进地推进天基 GNSS 掩星大气探测技术的发展。

美国是率先开展天基 GNSS 掩星大气探测技术研究的国家，且投入力度最大，技术发展思路最为典型。首先通过 GPS/MET 项目在轨验证了无码 GPS 掩星信号跟踪和 GPS 掩星数据反演等关键技术；其次通过 SAC-C 和 GRACE 项目在轨试验验证了开环跟踪技术，改进了星载 GPS 掩星接收机性能，并完善了 GPS 掩星数据反演算法；再通过 COSMIC 项目对 GNSS 掩星大气探测卫星平台及卫星星座相关技术开展在轨试验验证，初步讨论了以 GPS 为观测信源的 GNSS 掩星大气探测星座构型设计及一箭多星发射星座部署技术，验证了 GNSS 掩星大气探测数据在气象研究应用中的有效性和重要性；最后通过 COSMIC Ⅱ 计划指出了兼容 GPS＋Galileo/GLONASS 等系统导航无线电掩星探测的业务型 GNSS 掩星大气探测星座应用趋势。

由此可见，考虑到技术难度和试验成本，在初期的天基 GNSS 掩星大气探测研究中，宜利用试验卫星或多功能卫星开展 GNSS 掩星大气探测关键技术的演示验证，完成掩星数据反演技术和 GNSS 掩星大气探测载荷技术攻关。随着上述技术的成熟，推进以 GNSS 掩星大气探测载荷作为主载荷的 GNSS 掩星大气探测卫星平台研究。进而面向业务型 GNSS 掩星大气探测星座系统研制需求，从最大化利用在轨 GNSS 资源出发，开展 GNSS 掩星大气探测星座研究。

与美国和欧洲等航天强国、气象强国相比，我国 GNSS 掩星大气探测技术研究起步相对较晚，但由于该技术问世时间尚短，追赶差距较小。自 20 世纪 90 年代起，上海天文台就已经在掩星数据反演算法的实现以及探测卫星轨道设计等方面开展了一定的工作，为国内相关工作奠定了基础[7]。COSMIC 数据产品已被我国多家气象研究应用机构采购，用于数值天气预报等研究应用。中科院地质与地球物理研究所还利用 COSMIC 电离层探测数据对电离层分层结构进行了研究，首次给出了电离层分层结构的纬度和经度变化性，验证了天基 GNSS 掩星大气探测技术在反映电离层精细结构上的高可靠性[8]。2008 年，哈尔滨工业大学研制并发射了搭载 GPS 掩星接收机的多功能试验卫星，首次进行了我国星载 GNSS 掩星接收机在轨试验验证工作。2013 年 9 月，我国第三代风云系列气象卫星 FY3 - C 携带 GPS＋BDS 掩星大气探测载荷发射升空，标志着我国星载 GNSS 掩星接收机技术获得进一步突破[41,42]，我国已进入 GNSS 掩星大气探测技术工程应用阶段。

1.2.2 卫星星座研究现状

一般来说，人造地球卫星利用地心引力绕地飞行，短时间内运行轨迹相对固化，单颗卫星难以完成在全球或某区域内持续性的探测或通信任务。当单颗卫星难以满足航天任务需求时，就出现了散布多颗卫星在轨运行，通过组合扩展运行轨迹来协同完成某一航天任务的新型空间系统，即卫星星座。依据星座内卫星空间分布方式的不同，可将星座分为全球分布星座和局部分布星座。全球分布星座中的卫星以地心为中心实现空间散布，相对地心具有一定的对称性；局部分布星座中的卫星以某颗卫星或虚拟星为中心实现空间散布，以星簇的形式绕地运行，因此又常被称为卫星编队[43]。本书主要针对前者展开讨论，下文所述"星座"均指全球分布星座。

1.2.2.1　卫星星座系统开发及研究现状

作为一个庞大的空间系统，成本是制约卫星星座发展的首要瓶颈。自20世纪后期，卫星技术，尤其是小卫星技术，出现了迅猛发展。采用低成本中小卫星组建星座，为世界各国，尤其是经济基础薄弱的发展中国家提供了一条经济、有效的航天工程应用途径。但由于星座内卫星数量大、星座组建周期长且运行管理复杂，仅兼具经济与技术实力的少数国家和地区具备推进卫星星座研究应用的能力[43-47]。这使得目前卫星星座研究发展势头平缓，卫星星座系统应用集中于通信、导航和对地光学遥感等领域，卫星星座研究也多从这三种应用需求出发，以卫星星座设计、组建和维护三个方面为主展开。由于星座内卫星分布具备一定的空间几何构型，对星座内各卫星增添了空间约束，使得星间运动存在一定的耦合关系。因此，在单星轨道设计、导航与控制等作为卫星星座技术的基础上，更应将星座作为一个整体来进行考量，在系统层面展开卫星星座研究与应用。

1.2.2.2　卫星星座设计研究现状

在航天工程中，卫星星座设计是一个复杂的迭代设计过程。由于所面向的航天任务不同，卫星星座设计没有绝对的规律可循，且一个优良的星座设计结果往往与其发射部署方案近乎同步制定。目前，常见的卫星星座设计流程如图1-9所示。

随着星座应用领域的不断扩展，星座的构型越来越复杂，星座规模也不断增大，星座设计中需要同时考量的性能指标越来越多，特别是星座构型与星座系统性能间的相互关系。不同的性能指标和

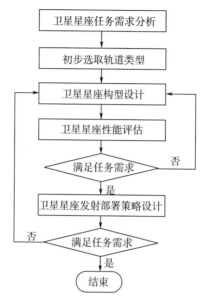

图 1-9　卫星星座设计流程

阈值考量下，将会得到不同的星座设计结果。在进行星座构型设计时，将与星座几何构型相关的系统性能作为星座设计的优化指标同时考虑，才能充分反映出其间相互制约的耦合关系，获得整体性能最优的星座构型。星座性能指标和性能测度的求解模式包括解析表达式和仿真计算两类，而星座在轨服务模式和其本身的运动特性使得大部分性能指标和性能测度需要通过仿真计算求解，并将其作为设计目标或约束来完成星座优化设计。

　　星座性能中最重要的是覆盖特性。在通信、导航和对地光学遥感等较为成熟的星座应用中，星上载荷利用"星-地"间几何关系执行航天任务，覆盖性能评价指标包括总覆盖时间、覆盖率、覆盖重数、平均覆盖时间、最大覆盖间隔和平均覆盖间隔等[48]。这些性能指标同时与时间和空间都相关，多采用点数字仿真的方法通过统计的方式进行测度和分析。然而，点数字仿真不仅分析计算开销很大，而且难以获得传统的优化算法所需要的目标或约束函数的梯度信息，此外还存在计算粒度的选择问题。在星座设计时，考虑到很多指标的计算量较大，如果都作为星座设计目标，必然带来不可接受的计算时间。如果作为设计约束，虽然可以通过采用策略减少约束计算的项数，但太多的约束将导致解集过小，收敛困难。因此，平衡计算开销和计算精度，根据星座性能指标的特点折中分配设计目标项和约束项一直是卫星星座研究的关键问题之一。

卫星星座设计研究中，除基于太阳同步轨道、回归轨道、冻结轨道、极地轨道等特殊轨道的星座应用外，对卫星轨道的选取以轨道形状和轨道高度为先。

由于航天任务的不同，对目标区域"覆盖"的定义及方式也各不相同。基于覆盖区域的不同，可将星座划分为全球覆盖、纬度带覆盖和区域覆盖。在圆形轨道上运行的卫星，运行速度和星下点轨迹覆盖域变化较小，多用于全球均匀覆盖星座。在椭圆形轨道上运行的卫星，在远地点附近的运行速度慢、运行时间长，更适用于对局部区域进行连续长时间的对地覆盖。

就轨道高度而言，高度在 $500 \sim 1\,500$ km 之间的低轨道容易受到大气阻力摄动的影响，常伴有近圆的特点。由于轨道低，具有天线发射功率低、延迟小及绕地周期短等优势，适用对地资源遥感和侦察类航天任务[49,50]，如气象卫星系统和天基雷达系统等。随着科技发展对通信需求的提高，低轨道自 20 世纪末期被用于数据通信卫星星座，如 Iridium、Ornbcomm、GlobalStar 和 Skybridge 等系统。高度在 $5\,000 \sim 25\,000$ km 之间的中轨道受大气阻力影响可忽略，具有较高的轨道稳定性和适中的对地覆盖性，适用于通信和导航类航天任务[51]，如 GPS、GLONASS、Galileo 和北斗等 GNSS 系统。而轨道周期约为一个恒星日的地球静止轨道（GEO）和倾斜地球同步卫星轨道（IGSO）具有良好的对地覆盖稳定性[48]，但由于同步轨道空间资源有限，因此在星座系统中常与中低轨道卫星组网应用。

目前，星座设计研究中的典型星座构型主要包括 Walker 星座构型、基于覆盖带（Street of Coverage）概念的极轨星座构型和

Flower 星座构型[52-55]。Walker 星座构型包括星形星座、δ 星座、玫瑰星座等，通常用 $N/P/F$：I，h 的形式来描述一个 Walker 星座的构型。其中，N 为卫星总数；P 为轨道面数；F 为在不同轨道面内的卫星相对位置量纲为 1 的量，称为相位因子，其大小为从 0 到 $P-1$ 的任何整数；I 为轨道面倾角；h 为轨道高度。Walker 星座被公认为是对全球覆盖或纬度带覆盖最为有效的星座。星形星座中，相邻的同向轨道间相对倾角相等或相近，各卫星轨道在参考面上有一对公共节点，具有理论分析简便但对地覆盖性差的特点。在 Walker - δ 星座中，各卫星轨道相对参考面倾角相同，节点等间隔均匀分布。这种星座构型对地覆盖性较好，但不同轨道面之间的相互关系并不稳固，难于利用解析分析方法展开理论研究。玫瑰星座是当 $N=P$ 时的特殊 Walker - δ 星座，星座中卫星轨道在天球上的投影如同一朵盛开的玫瑰。基于覆盖带概念的极轨星座构型由卫星总数 N、轨道面数 P、单轨道平面内卫星数 S、同轨道面卫星覆盖重数 j、覆盖带组合覆盖重数 k、地心角 θ 和仰角 η 等 7 个参数描述，星座内卫星运行在极地轨道上。Flower 星座由卫星总数 N_s、花瓣数 N_p、回归天数 N_d、卫星配置参数 F_n 和 F_d、轨道倾角 I、近地点幅角 ω 和近地点高度 h_p 等 8 个参数描述，星座内卫星轨道形状相同，各卫星轨道倾角、回归天数、近地点幅角及近地点高度均相等。

常见的星座构型设计以几何解析法、基于仿真的分析法和现代优化方法三类设计手段为主。几何解析法包括覆盖带法、球面三角形外接圆法、群论方法、多面体包围法等，星座构型描述参数与星座覆盖性间可建立明确的函数关系，对星座理论研究具有重要意义。Walker 星座构型等典型星座构型都是基于几何分析方法建立并完善的。基于仿真的分析法（也称数字仿真方法）是通过在全球或关注区域内抽取一定数量的特征点，用数字仿真的方法计算卫星星座对这些特征点的覆盖特性，将覆盖性加权或同级处理后作为优化性能指标优化设计星座构型。点数字仿真方法具有广泛的实用性，任何类型的星座都可用。但由于将星座内卫星的 6 个轨道根数等星座参数等都作为自由独立的参数来进行全方位的优化设计，计算量非常大。近年来，日渐成熟的各种现代优化方法也逐渐被应用到星座构型设计研究中。基于现代优化方法的设计首先根据星座性能评定指标设立星座设计优化目标函数，再利用遗传算法等现代优化方法，优化选取星座构型描述参数，是星座设计研究的发展方向之一。

1.2.2.3　卫星星座发射部署及维护研究现状

卫星星座的组建及维护是卫星星座系统持续、稳定地执行航天任务的关键一环。星座组建技术主要包括星座发射和部署，星座维护技术主要包括星座构型保持和重构等。

星座内卫星数量大，采用一箭多星发射方式可大幅降低单星发射成本。中、小卫星或微纳卫星组建的卫星星座通过选择适当的运载器，可实现一箭多星甚至一箭整星座发射。但大卫星组建的卫星星座受限于现有运载器的发射能力，难于将星座内多颗卫星同时发射入轨，多采用一箭一星的发射方式。自2006年至今的十余年间，全球共计一箭多星发射近150次，一箭多星发射入轨卫星近600颗，单次发射卫星数最大为37颗。美国、欧盟、俄罗斯、日本、印度和我国等多个国家和地区均具备一箭多星发射的能力。运载器可将所携带卫星送入同一轨道面，即各卫星入轨轨道倾角和升交点赤经相同。

当星座采用一箭多星发射方式时，若对于入轨轨道高度及轨道相位要求较低，卫星由运载器在设定轨道上依次释放即可；若对入轨轨道高度及轨道相位要求较高，则需要运载器配备一个先进的航天器辅助轨道转移系统（上面级），通过上面级轨道机动至同一轨道面的不同高度或不同相位上依次释放卫星。上面级是指火箭末级以上的部分，主要用于执行卫星入轨任务。美国在20世纪50年代就展开了上面级研究，到70年代中期已研制了十几种上面级。俄罗斯也研制出了Fregat、Block DM和Breeze系列上面级。欧洲空间局和日本也分别进行着针对上面级的研究项目。我国从1997年到2000年，先后成功研制了CZ-XX EPKM、CZ-XX/FP

和 CZ - XX/SMA 上面级，至今 10 次上面级飞行全部成功[56,57]。卫星入轨后需利用入轨时的轨道差异结合自身轨道机动能力完成站位部署。

　　星座在轨运行中，星座内卫星在多种摄动力、入轨偏差以及轨道机动后带来的控制残差的共同累积作用下，会逐渐偏离标称轨道，进而破坏星座构型，引起星座性能的下降，因此需要进行星座构型保持。此类研究以两大类为主：一类是对星座轨道漂移规律展开分析，研究星座构型演变规律及相应影响源；另一类是对星座构型保持及重构控制方法研究。目前，星座构型保持可分为绝对站点保持和相对站点保持这两种基本方法。前者是把星座内的每一颗卫星都保持在地心惯性坐标系下的确定位置，由标称轨道给出最大偏差域，卫星在站点附近的最大偏差域内运行；后者则不关注卫星的绝对位置，而只维持星座内卫星间相对几何关系。两者相比，前者实施简单，易于实现星座自主维护，但维护频次较多；后者实施相对复杂，但具备降低维护频次的可能。目前，相对站点保持仍处于理论仿真研究阶段，而绝对站点保持已经在轨验证并广泛应用于实际星座运行管理。但绝对站点保持是基于设定控制基准和最大容许偏差来实现的，而星座航天任务指标在与控制基准或最大容许偏差转化时并不完全等价。例如，覆盖性指标是星座任务指标中最重要的指标之一，而由覆盖性指标求取卫星最大容许偏差时，将无法得到特定值。这是由于星座作为一个整体，其覆盖性是多颗卫星协作完成的，星座内其他卫星的站位影响着单星的容许偏差。因此，依据某一固定容许误差作为判据实施星座构型保持时，存在或保守、或控制不及时的缺憾。

　　当星座内出现失效卫星时，可通过补发卫星或利用剩余的工作卫星进行星座重构来改善星座性能的下降。由于卫星发射成本相对较高，因此 GPS 等较为成熟的业务型卫星星座系统中多引入了冗余概念，利用备份星协助完成星座重构。

1.2.3　GNSS 掩星大气探测星座研究现状

GNSS 掩星大气探测技术开辟了一块崭新的卫星星座应用领域，迄今仅有 COSMIC 系统实现了此类星座系统的在轨试验运行，完成了对 GNSS 掩星大气探测星座应用价值的验证，并对 GNSS 掩星大气探测星座研究提出了一系列问题。

1.2.3.1　GNSS 掩星大气探测星座性能评估研究现状

星座研究的首要问题是明确星座设计的任务需求。GNSS 掩星大气探测星座任务主旨是获取关注区域内一定量的掩星观测数据，并使这些掩星观测数据具有时空分布均匀性。COSMIC 计划和 COSMIC Ⅱ 计划中对星座构型方案的多番更改凸显了此类星座不成熟的覆盖性能分析与测度研究现状。

每日掩星观测量是 GNSS 掩星大气探测星座设计的重要任务指标。在 COSMIC 星座研制过程中，对掩星观测量任务指标设定时忽略了掩星数据的有效利用率问题[58,59]。经验证明，CDAAC 应用的掩星数据反演算法对 COSMIC 卫星星座掩星观测数据的有效利用率不超过 70%[23]，即 COSMIC 星座掩星事件观测量高于所需掩星观测数据量的 1.4 倍时，才能有效满足探测数据量需求。

除每日掩星观测总量外，掩星观测事件的时空分布密度是最重要的 GNSS 掩星大气探测星座性能指标。由于 GNSS 掩星大气探测技术刚刚脱离测试验证阶段，且探测性能潜力大，现阶段各气象研究机构仅对掩星观测数据表现出多多益善的需求趋势，并未细化 GNSS 掩星大气探测系统探测点分布密度等覆盖性能的量化指标，制约了 GNSS 掩星大气探测星座设计的流畅性。目前，掩星探测覆盖均匀度性能评价以三类评估指标为主：一是按等纬度差划分地表纬度带，统计单位时间内各纬度带内掩星数量的方差值作为评估指标；二是对单位时间内掩星事件总时长与掩星事件随纬度带分布方差因子进行加权，设定综合评估指标；三是将地表等距栅格化，将单位时间内掩星数不低于预期值的栅格数量占栅格总量的比值作为评估指标[26,60-62]。上述评价指标都在一定程度上反映了掩星事件空间分布的均匀性。其中,前两种评价指标以掩星事件随纬度带分布为关注点,忽略了经度方向的分布特性,第三种评价指标则侧重于栅格内掩星事件分布均度,忽略了大尺度范围内掩星事件的疏离度分布特性。

1.2.3.2　GNSS 掩星大气探测模拟算法研究现状

由于 GNSS 掩星事件的发生是具有伪随机性的,难以采用解析方法求解掩星事件的形成,必须基于 GNSS 卫星、LEO 卫星运行状态以及星间 GNSS 信号传播路径与地表间的几何关系构建前向掩星事件判定算法,采用数值仿真的方式求解掩星探测点时空位置,从而实现对卫星星座 GNSS 掩星大气探测性能的分析和测度。

目前,GNSS 掩星事件判定算法主要分为两类,一是以地心至 GNSS - LEO 星间连线距离是否小于地球半径作为衡量掩星事件发生的条件[63-65];二是在先验大气背景下利用二维射线追踪法,以 GNSS 与 LEO 卫星地心矢量夹角作为掩星事件判据[66]。上述方法都从简化运算的角度出发,缺乏对大气环境背景、星间几何关系、天线视场及各 GNSS 系统内卫星实际轨道高度等参数不一致等因素的全面考虑,算法的精准度缺乏比对和评估。奥地利的 EGOPS 软件集成了前向 GNSS 掩星事件判定及定位算法和后向掩星反演算法,经过多年的发展完善,可提供前向掩星观测仿真及后向掩星反演仿真等仿真平台,通过输入固定数据格式的 GNSS 与 LEO 卫星星历、GNSS 掩星接收天线描述、掩星事件判定几何模型和选择大气模型等相关参数来生成一定假设下的掩星事件仿真数据结果[67]。遗憾的是,该软件运行环境要求为 Linux 系统,且数据格式固化,在星座设计应用中可扩展性较差。

典型的 GNSS 掩星事件每次持续时长为 1 min 左右,为避免事件丢失,掩星事件判定时间步长应不大于 20 s,卫星轨道数据提取步长应不大于 5 s,而 GNSS 掩星大气探测星座性能评价因子多以 24 h 为单位时间长度,考虑到大气模型精度、GNSS 及探测星座内卫星轨道模型、GNSS 掩星大气探测星座内卫星飞行姿态模型、GNSS 卫星信号源及 LEO 卫星掩星接收天线模型等模型的复杂程度和 GNSS 及 GNSS 掩星大气探测星座内卫星数量，GNSS 掩星事件判定算法的技术难点集中在如何平衡判定算法的精确性与解算效率。

1.2.3.3　GNSS 掩星大气探测星座设计研究现状

GNSS 掩星探测星座的"星-星-地"临边探测应用特点决定了此类星座的构型设计不适合盲目套用 1.2.2.2 小节中所提到的基于"星-地"覆盖性评估的典型星座构型。现存 GNSS 掩星大气探测卫星轨道或星座构型设计研究中，由于掩星事件的复杂性和伪随机性，难于建立精准的模型加以分析，多采用对大量模拟仿真结果进行统计比较的方式开展研究，并未涉及采用具有说服力的计算分析法推导星座参数对探测性能影响特性，这对处理 GNSS 掩星大气探测星座设计问题显然是不完整的[60,62,68-71]。需均衡考虑探测覆盖性、星座成本、星座部署时长等性能要求，利用遗传算法等智能优化算法完成 GNSS 掩星大气探测星座构型设计。GNSS 掩星探测卫星星座构型优化技术的难点集中于构型模型的简化、优化目标的提取和数据搜索效率的提升等方面。

COSMIC 研发小组和航天学者利用 GPS 掩星模拟仿真等技术初步分析了部分星座参数对掩星观测性能的影响，一致认为当 LEO 卫星选择小偏心率轨道时，影响掩星观测性能的卫星轨道根数以轨道倾角为主，轨道高度次之，升交点赤经和近地点角距影响可忽略不计[62,64,68,71]。上述研究均未涉及星座轨道面数、各轨道面卫星数及卫星轨道偏心率与星座覆盖性之间的建模；研究中均未涉及星座构型参数与星座成本间关系的建模；研究中由于采用了不同的模拟掩星仿真算法，在数值结果上存在差异较大；研究中均以全球掩星观测量为主要评价指标，缺乏星座构型参数与掩星事件时空分布密度等覆盖性关系建模；研究中全部采用 GPS 为观测信源，缺乏以其他 GNSS 或多 GNSS 为观测源的掩星观测覆盖性能关系建模。

目前，GNSS 掩星探测星座构型优化设计开展的较少，且主要

以 GPS 为单一观测源，以全球覆盖为探测任务目标。参考文献
[68] 对由 2~9 颗卫星组成的 GPS 掩星大气探测玫瑰星座的掩星大
气探测性能进行了模拟仿真比对。参考文献 [69] 利用遗传算法对
基于回归轨道或太阳同步轨道等典型轨道搭建的 GPS 掩星大气探测
星座构型进行了尝试性优化设计。上述研究均以星座可观测掩星事
件总数为优化性能指标，星座构型模型被极大简化。参考文献 [71]
以掩星事件数和纬度带内掩星数量均匀为优化目标，基于混合蚁群
算法对由 6 颗 LEO 卫星组建的 Walker 构型 GPS 掩星大气探测星座
进行了优化设计。参考文献 [62] 将地表栅格化，以掩星测点覆盖
栅格比率最大为优化目标，基于遗传算法对由 12 颗 LEO 卫星组建
的双 Walker 构型 GPS+Galileo 掩星大气探测星座进行了优化设计。

　　在常规基于"星-地"几何覆盖的星座构型优化设计研究中，参
考文献 [73] 中利用自适应随机搜索算法设计了星座优化设计软件
ELCANO，将星座运行的动力学环境、部分常规星座性能评价程序
和相关数据库进行了封装，允许使用者选择和加权软件所提供的函
数或函数的组合作为目标函数。参考文献 [74] 先利用遗传算法得
出星座优化设计的 Pareto 最优解集，再采用局部搜索算法继续寻优，
提出了一种可均衡寻优精度和计算代价的有效策略。参考文献 [75]
提出将多个优化进程作为独立子层，通过系统层和子层双层间的协
作优化实现星座优化设计。参考文献 [76] 对蚁群算法进行了改进，
制定了全局与局部蚂蚁的划分与转移规则，采用基于连续空间解的
渐变搜索策略，使蚁群算法在连续空间可寻优。上述研究对构建完
善 GNSS 掩星大气探测星座构型优化技术具有借鉴意义。

1.2.4　GNSS 掩星大气探测星座部署方法研究现状

　　GNSS 掩星大气探测星座是一项崭新的 LEO 卫星星座应用领
域。由于探测载荷具有体积小、功耗低的特点，特别适于微小卫星
平台搭载。这使得此类卫星星座具有微小卫星的发射优势，可采用
一箭多星发射方式节约星座成本。目前仅有 COSMIC 系列研发小组

对该系列星座的部署方法进行了讨论研究，此外尚无 GNSS 掩星大气探测星座部署问题相关研究成果。

COSMIC 星座采用整星座一箭六星发射，因微小卫星推进能力有限，利用卫星轨道面进动规律完成星座异面轨道部署。在 COSMIC 星座运行初期，卫星在高约 520 km 的停泊轨道运行，FM1/FM2 和 FM3/FM4 两组卫星组队串行飞行，进行大地重力场探测。随后，进行 GPS 掩星大气探测应用星座部署，目标轨道高度 800 km。星座部署过程中，利用卫星依次升轨带来的卫星间轨道高度差来获取各卫星的升交点赤经差和纬度幅角差，并利用这种关系设计各卫星轨道机动时序。

COSMIC 于 2006 年 8 月开始实施 GPS 掩星大气探测应用星座部署，至 2007 年 12 月星座部署完成，总计耗时约 16 个月。星座内卫星实际升轨次序为 FM5、FM2、FM6、FM4、FM3、FM1，部署时序如图 1-10 所示[25]。COSMIC 每颗卫星升轨过程需要 4～6 周，升轨所需速度增量 ΔV 约为 147 m/s，推进剂消耗约为 4.6 kg。除 FM3 因太阳能帆板驱动故障停留在 711 km 高度轨道外，星座内其余各星均到达 800 km 的预期轨道。

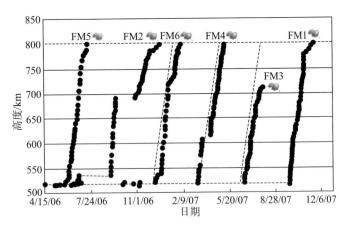

图 1-10　COSMIC 星座部署时间表

COSMIC Ⅱ 星座部署方法与 COSMIC 基本一致。星座内轨道倾角不等的两个子星座分阶段发射：第一阶段发射时，6 颗低倾角卫星将进入约 770 km 高度的停泊轨道，逐个变轨进入高度约 550 km 的工作轨道，利用轨道高度差形成的轨道面间升交点赤经漂移速率差，实现轨道面升交点赤经分离；第二阶段部署过程类似，不同的是停泊轨道和工作轨道分别变为了 520 km 和 720 km。两阶段的子星座将分别经过 2 年左右的时间完成部署，星座部署时间占据卫星设计寿命的 2/5。显然，针对这种一箭多星发射微小卫星星座的异面部署问题还有待进一步讨论和研究，从而缩短星座部署时长，延长星座有效工作时间。

1.2.5 星座构型保持策略研究现状

伴随着多卫星星座的增加，国际上对星座构型保持控制方法的研究也逐步展开。在单星轨道控制研究的基础上，早期的星座构型保持策略研究热点是如何确保星座中卫星的相对位置或绝对位置。

星座保持一般可分为绝对站点保持和相对站点保持两种基本方法。胡松杰[136]等提出绝对站点保持和相对站点保持这两种星座保持策略，并对基本方法和适用场合进行了阐述。绝对站点保持是把每一颗卫星保持在一个相对于地球或者惯性空间的确定位置，一般将卫星保持在基于设计轨道给出的站点保持盒内运行；而相对站点保持只维持卫星之间的相对几何关系而不是卫星的绝对位置。绝对站点保持实施简单，便于星座自主维持，但维持次数可能较多；而相对站点保持实施相对复杂，但可减少可能的维持次数[136,137]。

麦金尼斯[138]于 1995 年提出一种直接控制卫星间距的星座分布式控制策略，将分布式控制思想首次引入到星座构型控制研究中，启发了学者的思路。拉米[139]提出"平均星座"的概念，选取卫星相对标称相位为状态变量，即状态变量取为每颗卫星相对于"平均星座"的相位，从而对圆轨道星座构型维持方法进行讨论，布罗德斯基[140]也做了类似的研究。格利克曼[141]随后提出星座位置保持的

"时间-目标"方法，该方法通过控制卫星过赤道的时间和经度，将卫星间的平均间距间接地保持在规定数值上。上述两种方法都是通过间接的方式，对星座内卫星相对相位保持进行了控制策略的设计。但是，此时的星座构型研究还是处于将相位保持作为唯一控制目标的策略讨论中，局限性很大。

乌雷贝舍夫[142]利用线性二次控制器来实现星座的位置保持。拉塞尔[143]对利用线性规划法实现卫星星座位置保持进行了研究。麦金尼斯[144]提出了一种分布式控制方案，它直接控制卫星间的间距。理论上，它可以在没有地面参与的情况下从任意初始条件构成一个间隔均匀的星座。然而，这一控制律是在近圆轨道的假定条件下推出的，主要应用于要求卫星角间距和径向间距误差较小的情况。同时，控制的实现取决于能否获得连续的推力。

20世纪末，现代优化算法的研究热潮也推进了星座构型保持策略的改良。卡尔韦特[145]在"标称星座"的概念框架下，提出了一种适用于定向的星座位置保持的层次优化方法，通过保持实际星座靠近标称"调整星座"的策略来确定控制量。兰德尔[146]研究星座控制的结构和算法，将推进剂、时间和推进剂均衡消耗作为目标来进行优化设计，首次将多目标优化思想带入星座构型保持策略研究中。马可尼[147]研究了在考虑最少推进剂消耗和时间限制等多目标情况下卫星星座轨道位置保持的最优机动问题，通过将多目标优化方法应用到对称卫星星座的轨道维持（转移和修正），用最小推进剂消耗和时间限制等性能指标来确定机动卫星和各自的机动量。这些研究拓展了现代最优化算法的应用领域，进一步推进了优化算法在星座构型保持策略中的研究应用，提高了构型保持策略的工程实用性。

随着星座构型保持策略研究的加深，自主保持成为星座构型保持控制的最终目标。沙[148]对星座的自主位置保持进行了研究，并设计了星座自主相位保持仿真器。舍特尔[149]对星座的自主性进行了描述，通过分析星座的任务模型，描述了一个基于Agent的地面星座自主控制的验证原型。沃茨[150]对星座的自主位置保持进行了研究，通过对推力大小、控制速度增量及导航和姿态的需求分析，给出了主要摄动力作用下的自主位置控制策略。当前的自主保持控制策略目前仍处于理论研究起步阶段，有待进一步的讨论验证，距离工程实用还有一定距离。

我国星座构型保持研究开展较晚，取得的研究成果较少。白鹤峰[151]在推导了多冲量最优解的必要条件的基础上，给出了一种卫星相位保持的多冲量次优控制方法。项军华[152,153]等人以星座内卫星在升交点赤经和沿航迹方向的最大允许漂移范围为标准判别星座构型是否已破坏，并采用分段离散系列控制策略对三颗卫星组成的区域覆盖天基多基地雷达星座的构型保持进行了研究，通过仿真验证其方法有效性。但从根本上，该方法仍然是基于单星轨道控制的方法对上述星座进行星座构型保持控制。胡松杰[136]等针对高轨道 Walker 全球星座相对相位保持问题，提出了一种基于动态调整参考轨道的星座相对相位保持策略。向开恒[154]从大系统控制论的观点出发，分析和比较了星座的绝对位置保持策略和相对位置保持策略，利用递阶控制策略来实现对卫星星座的位置保持。

1.3　主要研究内容及章节安排

GNSS 掩星大气探测星座是一类新型卫星星座，涉及卫星动力学、大地测量学和气象学等多学科和领域。它具有临边探测和间接探测的双特性，与通信、导航、对地光学遥感等常规卫星星座的应用模式差异较大，由此带来了一系列的卫星星座研究新课题。

本书围绕前向 GNSS - LEO 掩星模拟、GNSS 掩星大气探测性能评价、GNSS 掩星大气探测星座设计准则、GNSS 掩星大气探测星座优化设计、GNSS 掩星大气探测星座部署策略、GNSS 掩星大气探测地面仿真系统等内容进行研究。

第 1 章介绍了国内外天基 GNSS 掩星大气探测项目的发展状况，对卫星星座研究，特别是 GNSS 掩星大气探测星座研究现状进行了分析。

第 2 章将 GNSS 掩星大气探测卫星星座与常规卫星星座应用相比较，研究了基于"星-星-地"几何关系的 GNSS 掩星大气探测原理和探测方法，阐述了 GNSS 掩星大气探测星座应用的特殊性，初步提出了 GNSS 掩星大气探测星座研究框架。针对 GNSS 掩星大气探测卫星应用特点，给出了 LEO 卫星轨道运动学方程和动力学方程，并对卫星轨道仿真算法进行了分析，为后续开展 GNSS 掩星大气探测星座研究奠定了理论基础。

第 3 章对 GNSS 掩星大气探测星座性能分析与测度问题进行了研究。利用理想大气模型和掩星观测几何约束，提出了一种基于射线追踪算法的前向掩星模拟方法，并通过仿真对该方法的有效性进行了验证。针对星座探测均匀度性能指标不明确的问题，基于纬度带统计和网格化点数字仿真统计方法，提出了一项"双栅"均匀度评价指标。基于上述模拟方法和评价指标，设计并实现了一套 GNSS 掩星大气探测星座性能预估仿真系统，为星座迭代设计研究提供了快速有效的探测性能评测手段。

第 4 章研究了 GNSS 掩星大气探测星座设计问题。利用掩星测点随探测卫星星下点分布的几何特性，提出一种基于球面三角函数和卫星轨道运动学特性的虚拟"星-地"遥感模型，将"星-星-地"临边探测问题转换为"星-地"探测问题。在此基础上计算推导出了"双栅"均匀度指标下星座参数对探测性能的影响特性，从而较为系统地提出了一套 GNSS 掩星大气探测星座参数设计准则，并以 COSMIC 任务为范例给出了 GPS 掩星大气探测星座方案，验证了该准则的有效性。针对我国 GNSS 资源，进一步提出了分别以 BDS、BDS＋GPS 和 BDS＋GPS＋Galileo＋GLONASS 为探测信源的三种 GNSS 掩星大气探测星座设计，并基于 GNSS 掩星带探测星座参数设计准则简化了星座模型。针对星座优化设计所具有的多目标、多约束和混合数据类型的特点，采用遗传算法和改进蚁群算法对上述三种星座参数寻优，仿真结果表明该优化设计方法快速有效。

　　第 5 章结合 GNSS 掩星大气探测卫星及星座构型特点，对一箭多星发射的玫瑰星座构型的星座部署问题展开研究。在部署时间约束和卫星轨道机动能力约束下，提出了一种基于轨道面进动规律的双停泊轨道部署方法，并对星座内卫星轨道机动时序规划问题进行了设计与求解，基于卫星工具包软件（STK）仿真验证了星座部署策略的有效性，结果表明该部署方法相比单停泊轨道部署方法节约近一半的部署时长。

　　第 6 章对星座构型保持问题进行了研究。分析在地球非球形摄动作用下标称构型的稳定性和偏差构型的漂移特性，设计相对升交点赤经保持策略，研究基于绝对参考构型的绝对相位保持策略，研究基于最小二乘法拟合期望构型的相对相位保持策略，并进行仿真验证。通过 STK 软件对提出的星座构型保持策略进行仿真验证。

　　第 7 章对 GNSS 掩星大气探测星座部署和构型保持决策系统的设计与组建进行了论述。通过仿真试验，实现了对第 5 章中星座部署策略和第 6 章中星座构型保持策略的测试和验证。充分利用计算机的可视化手段，对玫瑰星座构型部署和构型保持的历程进行了演示，为进一步优化 GNSS 掩星大气探测星座部署方法和构型保持方法提供了科学有效的手段。

第 2 章　GNSS 掩星大气探测星座研究

2.1　引言

构建 GNSS 掩星大气探测星座研究框架，建立此类探测星座的系统研究理论是 GNSS 掩星大气探测星座研究的基础。相比导航、通信等常规卫星星座，GNSS 掩星大气探测星座融合了大气科学、通信科学和卫星工程等多学科，是一个崭新的卫星星座应用领域。对 GNSS 掩星大气探测星座展开研究，主要存在以下 3 个难点：1）GNSS 掩星大气探测星座航天任务模式特点将导致现有卫星星座研究成果难以直接套用在此类星座上，从任务层级就提出了一系列新问题需要解决；2）GNSS 大气探测星座研究发展历程尚短且成果寥寥，导致此类卫星星座研究滞后于 GNSS 发展速度和掩星数据应用需求，限制了 GNSS 大气探测星座系统研制应用的脚步；3）卫星星座本身是一个多变量的非线性系统，GNSS 大气探测星座模型复杂度将导致星座动力学求解运算量巨大，其数字仿真计算精度、效率与稳定性间的均衡与优化，将是衡量此类星座研究工程应用意义的关键所在。

以 GNSS 掩星大气探测星座任务模式为基点，本章将阐述 GNSS 掩星大气探测技术原理，归纳 GNSS 掩星大气探测星座应用特点，并对 GNSS 掩星大气探测星座系统的组成进行了简要分析。针对 GNSS 掩星大气探测星座特点，初步给出 GNSS 掩星大气探测星座研究体系框架，推导用于组建 GNSS 掩星大气探测星座的 LEO 卫星的轨道动力学方程，给出了笛卡尔坐标系下轨道参数与轨道六根数间转换算法。最后，对文中使用的符号进行统一定义。

2.2　天基 GNSS 掩星大气探测方法

2.2.1　地球大气

地球大气是包围地球的气体总称。

按大气温度、成分等大气物理性质差异分层，地球大气垂直分为对流层、平流层、中间层、热层和外层大气。对流层指从地面向上至温度出现第一极小值所在高度的大气层，跨度为 8～18 km，集中了整个大气 75% 的质量和几乎全部水汽，对流层中气团与锋面的存在、运动带来不同的天气现象。平流层指从对流层顶到温度出现极大值所在高度的大气层，地球大气中的臭氧主要集中在平流层，顶高约 50 km。中间层指从平流层顶到温度出现第二极小值所在高度的大气层，顶高 85 km 左右，温度随高度升高而下降，其降温主要机制是二氧化碳发射的红外辐射，在高纬度地区中间层顶温度有强烈的季节变化。热层从中间层顶至 400～700 km，由于大气吸收太阳辐射中的远紫外辐射，引起大气分子光化、电离。太阳活动情况不同，热层顶的温度和高度有较大变化。热层顶以上的等温大气为外层大气，由于该层的原子氢和氦能脱离地球重力场，外层大气又称为逃逸层，太阳活动和磁暴对外层大气影响较大。大气中对流层反映天气变化，平流层体现臭氧含量，中间层关联温室效应，热层和外层大气在体现太阳活动状况的同时直接影响空间飞行器的安全运行[77]。

按电磁特性，整个大气层又可分为中性层、电离层和磁层。中性层主要由中性气体组成，从地表至 80 km 高度左右，大致与对流层至中间层相重叠。中性层之上是电离层，按电子和离子密度的大小，习惯将电离层分自下而上分为 D、E、F_1 和 F_2 四层。D 层顶高约为 100 km，白天电子密度在 10^3 cm^{-3} 以下，夜间电子大量消失使该层近乎消失。E 层顶高约为 140 km，电子密度白天高夜间低，介于 10^3～10^5 cm^{-3} 之间。F_1 层顶高约为 250 km，白天电子密度在 10^4～

10^5 cm^{-3} 之间，夜间消失。F_2 层顶高约为 1 000 km，电子密度在 300 km 高度达到峰值 10^5 cm^{-3}，至电离层顶降低近一个数量级。这四层的厚度、高度、电子密度都随着每日的时刻、季节以及太阳活动变化。磁层是电离层顶以上的大气层，空气非常稀薄，从约 500～1 000 km 高度一直向空间延伸到磁层边缘[78,79]。

2.2.2 GNSS 气象学

GPS 卫星发送两种码：民用的粗捕获码（C/A 码）和军用的精码（P 码）。这些码以扩频方式在两种不同的频率上发射：L1 波段以 1 575.42 GHz 发射 C/A 和 P 码；而 L2 波段只以 1 227.6 GHz 发射 P 码。GPS 接收机通过对码的量测可得到卫星信号发射时刻到用户接收时刻之间的时间差，乘以光速即可得到卫星到接收机的距离。但因为卫星钟、接收机钟的误差以及无线电信号经过大气产生的延迟，使得接收机观测到的测点到卫星之间的距离不是实际距离，称之为伪距。

随着 GPS 系统的发展和完善，推动了它在多领域的应用，其中大气延迟对 GPS 测量造成的误差正是 GPS 大气探测的基础，并由此促生了 GPS 气象学。随着俄罗斯 GLONASS、欧洲空间局 Galileo 和我国 BDS 等全球导航定位卫星系统的陆续涌现，GPS 气象学扩展为 GNSS 气象学[80]。根据 GNSS 接收机放置地点的不同，又分为地基 GNSS 大气探测、山/空基 GNSS 大气探测和天基 GNSS 大气探测，如图 2-1 所示。

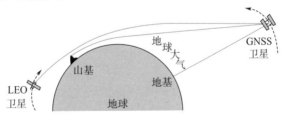

图 2-1　三种 GNSS 大气探测方式

GNSS 气象学利用地球大气折射率与地球大气参数间存在的函数关系推算大气参数。大气参数与大气折射率间关系式如式（2-1）、式（2-2）所示。

对于高度在 80 km 以下的中性大气

$$N_f = 77.6\,\frac{P_E}{T_E} + 3.73 \times 10^5\,\frac{e_E}{T_E^2} - 3.03 \times 10^7\,\frac{n_E}{f_G^2} \qquad (2-1)$$

式中　N_f——大气折射率；

　　　P_E——大气压强；

　　　T_E——大气温度；

　　　e_E——大气水汽压；

　　　n_E——电离层电子密度；

　　　f_G——无线电信号频率。

对于高度在 90 km 以上的地球大气电离层

$$N_f = -4.03 \times 10^7\,\frac{n_E}{f_G^2} \qquad (2-2)$$

2.2.3　GNSS 运行状态

目前，共有美国的 GPS、俄罗斯的 GLNOSS、欧洲的 Galileo 和我国的 BDS 四个 GNSS 正在轨运行和完善中。

20 世纪 70 年代开始研制的 GPS 是美国在子午仪卫星导航系统基础上发展而成的全球定位导航系统，由美国国防部研制并维护。GPS 系统由空间段、地面监控网和用户三大部分组成，可为持有 GPS 接收机的全球或近地空间用户免费提供连续精确的时间和三维位置及运动。GPS 空间段由 24 颗中轨道（MEO）卫星组建 GPS 卫星星座，星座内 6 个轨道平面相角间隔约为 60°，轨道面倾角同为 55°，每个轨道面内 4 颗工作卫星大致均布。卫星轨道接近圆形，高约为 20 200 km，运行周期约 12 h。GPS 信号分为民用的标准定位服务和军规的精确定位服务两类，前者水平定位精度在 10 m 左右，后者的定位精度则可达到厘米甚至毫米级。

GPS 采用码分多址方式，根据调制码来区分卫星，卫星载波频率同为 $f_{L1}=1.575\ 42$ GHz、$f_{L2}=1.227\ 60$ GHz 和 $f_{L3}=1.176\ 45$ GHz。GPS 使用世界大地坐标系（WGS‐84），系统时与世界协调时相关联，卫星上安装了多个高精度的原子钟，以确保频率的稳定性[81]。2011 年美国提出了基于 27 颗工作卫星的新一代 GPS 星座构想，如图 2‐2 所示。目前包括备份星在内，GPS 共有在轨卫星31 颗。

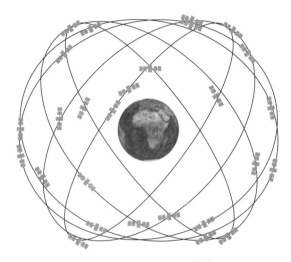

图 2‐2　GPS 星座示意图

GLONASS 于 20 世纪 70 年代由苏联研制，后由俄罗斯航天局负责运营维护，用于实现与 GPS 相似功能。GLONASS 系统由空间段、地面监测控制站和用户三部分组成，可为持有 GLONASS 接收机的全球或近地空间用户免费提供连续精确的时间和三维位置及运动信息。GLONASS 空间段由 24 颗中轨道 MEO 卫星组成，其中，21 颗为工作卫星，3 颗为备份星。星座内卫星均布在 3 个轨道平面上，每个轨道面 8 颗卫星，卫星轨道接近圆形，高度为 19 100 km，运行周期 11 h 5 min，轨道倾角 64.8°，如图 2‐3 所示[82]。

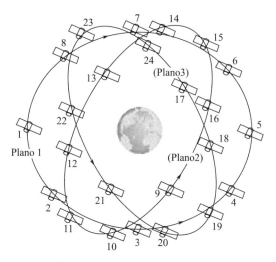

图 2 - 3　GLONASS 星座示意图

GLONASS 为开放式军民合用系统，抗干扰能力优于 GPS，但单点定位精确度劣于 GPS。GLONASS 采用频分多址方式区分卫星，卫星载波频率为 $f_{L1} = （1\ 602+0.562\ 5k）$ MHz 和 $f_{L2} = （1\ 246+0.437\ 5k）$ MHz，k 为各卫星的频率编号。GLONASS 水平方向定位精度约为 16 m，垂直方向约为 25 m。GLONASS 使用苏联地心坐标系（PE - 90），系统时与莫斯科标准时相关联。GLONASS 星座近期在轨运行状态良好。

我国于 1994 年开始研制建设的区域性导航系统北斗一代导航定位系统空间段共包括 3 颗 GEO 卫星，因受系统工作体制限制，难于实现连续精准的测速、定位，无法满足高速用户需求。2004 年开始研制建设的第二代北斗卫星导航系统面向全球定位导航应用，是继 GPS、GLONASS 之后的全球第三个成熟的卫星导航系统，导航信号频段在 1.21 GHz 和 1.56 GHz 左右。

BDS 采用 5 颗地球静止轨道（GEO）卫星、3 颗倾斜地球同步轨道（IGSO）卫星和 27 颗 MEO 卫星共计 35 颗卫星组成，星座构型如图 2 - 4 所示，轨道参数见表 2 - 1。24 颗 MEO 工作卫星采用

Walker 24/3/1 构型组网，另在每个轨道面上配置一颗备份星[83,84]。

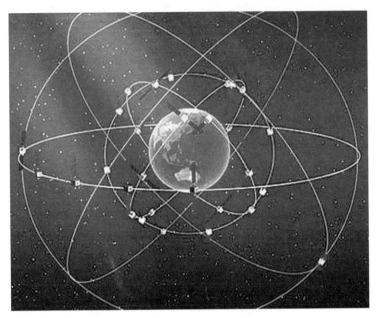

图 2 - 4　北斗星座示意图

表 2 - 1　BDS 卫星轨道参数

轨道类型	卫星数	轨道高度/km	轨道倾角/(°)	轨道升交点赤经/(°E)
GEO	5	35 786	0	58.75,80,110.5,140,160
IGSO	3	35 786	55	118
MEO	24+3	21 000	55	—

　　BDS 已于 2012 年完成一期工程，并预计于 2020 年完成二期建设。届时 BDS 服务范围将由我国及周边区域拓展至全球，重点地区单点定位精度水平方向为 10 m，垂直方向为 10 m，其他地区单点定位精度水平方向为 20 m，垂直精度为 20 m。BDS 为我国组建全自主 GNSS 掩星大气探测系统提供了有力保障。

　　正在组建中的伽利略卫星导航定位系统（Galileo）是欧盟和欧洲空间局合作研制开发的首个基于民用的全球导航定位系统，系统构成与 GPS 和 GLONASS 类似，预计可于 2014 年完成星座组建提供精确导航定位服务。我国作为唯一非欧盟国家于 2003 年投资约 2.3 亿欧元参与该项目计划。Galileo 导航系统星座由均布 3 个轨道平面的 27 颗工作卫星和 3 颗备份卫星构成，轨道倾角 56°，各轨道面等相角间隔，圆形轨道高度约 23 222 km。Galileo 卫星载波频率分别在 1.2 GHz 和 1.5 GHz 左右，且星上接收机还将设计为可另外接收 GPS 和 GLONASS 信号，具有与其他导航系统相结合的优越性能。免费的 Galileo 信号水平定位精度可达 6 m，如与 GPS 合作更可提升至 4 m[85]。Galileo 可以实现高精度定位信息的实时发送，能够保证在许多特殊情况下提供服务，相比 GPS 更先进、更可靠。

2.2.4　天基 GNSS 掩星大气探测原理

天基 GNSS 掩星大气探测原理为将 GNSS 无线电信号接收机搭载在 LEO 卫星上，利用 LEO 卫星与 GNSS 卫星间所形成的掩星事件对地球大气实施临边探测，又称为天基 GNSS 无线电掩星大气探测，简称天基 GNSS 掩星大气探测。当 GNSS 卫星相对 LEO 卫星从地球边缘升起时，原本被地球"遮掩"的 GNSS 无线电信号不再受遮挡，从而可被 LEO 卫星载荷接收，称为发生 GNSS 上升掩星事件。反之，当 GNSS 卫星相对 LEO 卫星从地球边缘沉降时，GNSS 无线电信号因受地球"遮掩"而无法继续被 LEO 卫星接收，称为发生 GNSS 下降掩星事件。

天基 GNSS 掩星大气探测通过对比形成掩星事件的 GNSS 卫星无线电信号伪距和非掩星 GNSS 卫星无线电信号伪距，或对比形成掩星事件的 GNSS 卫星所发射的不同频率无线电信号的伪距等方法，间接实现大气探测。天基 GNSS 掩星大气探测理论上可对全高度的地球大气实施探测，基于 GNSS 无线电信号的高频特性，它又被形象地称为"扫描式"地球大气探测，如图 2-5 所示。图中 P 点为瞬时无线电传播路径距地表最近的点，称为掩星切点。

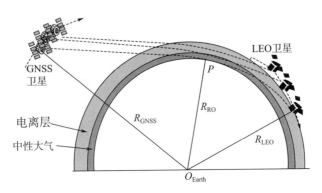

图 2 - 5　天基 GNSS 掩星大气探测示意图

单次掩星事件中，当掩星切点在 80 km 高度以下的地球大气内升降时，称为中性大气掩星事件；当掩星切点 90 km 以上的地球大气电离层内升降时，称为电离层掩星事件。发生中性大气掩星事件时，可间接探测地球大气对流层、平流层、中间层的温度、湿度、压强等大气参数，探测数据主要用于天气预报和气象研究。发生电离层掩星事件时，可间接探测地球大气电离层电子密度廓线，探测数据主要用于太阳活动监测和空间飞行器安全保障[86,87]。中性大气掩星事件前后往往会伴随有电离层掩星事件，而电离层掩星事件前后并不一定会出现中性大气掩星事件。

2.2.5　天基 GNSS 掩星大气探测特点

相比于其他大气探测技术，天基 GNSS 掩星大气探测具有以下特点：

1）天基 GNSS 掩星大气探测中掩星事件的发生是离散的，测点分布具有伪随机性；

2）COSMIC 等 GNSS 掩星大气探测数据反演结果表明，中性大气温度误差小于 0.5 K，电离层峰值电子密度平均偏差小于 1%，数据精度高；

3）天基探测不受地表条件限制，不受低空闪暴等天气影响，且

GNSS 信号处于 L 波段，不易受云、雨或气溶胶的影响，可全球、全天时、全天候执行探测任务；

4) 基于星载 GNSS 掩星信号接收机采样频率高的特点，可对地球大气进行高密度"扫描"，垂直分辨率高，但水平分辨率相对较低；

5) 星载 GNSS 掩星信号接收机具有自定标特性，可持续准确记录地球大气状态，无需校正，探测长期稳定性好；

6) 星载 GNSS 掩星探测载荷体积小、质量轻，搭载形式灵活多样；

7) 基于 GNSS - LEO 掩星观测的独立性，可通过扩充观测信源或增添探测卫星数量来提高大气探测量。

综上可见，天基 GNSS 掩星大气探测技术与其他大气探测手段相比独具优势，特别在中性大气探测中所体现的优势尤为显著。考虑到中性大气掩星事件与电离层掩星事件的发生特点，可将中性大气探测作为主任务开展天基 GNSS 掩星大气探测应用。

2.3　GNSS 掩星大气探测星座研究

2.3.1　GNSS 掩星大气探测系统组成

GNSS 掩星大气探测系统主要由空间段和地面段两部分组成，如图 2 - 6 所示。空间段包括观测 GNSS 掩星信号的 LEO 探测卫星或卫星星座。地面段由卫星地面测控站、地面数据网站、掩星数据处理中心和用户端等组成。卫星地面测控站在对维护卫星运行的同时提供卫星的位置和速度等信息。地面数据网站接收 LEO 卫星下传的带有多普勒频移的掩星信号数据。掩星数据处理中心从卫星地面测控网站和地面数据网站获取卫星的位姿数据和掩星数据，完成掩星数据反演，为用户端提供不同处理层级的 GNSS 掩星大气探测数据。

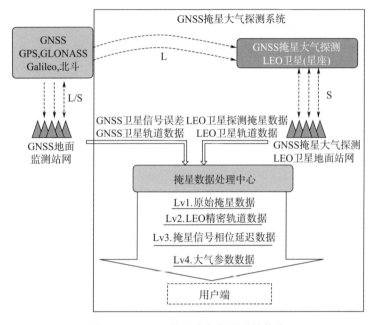

图 2-6　GNSS 掩星大气探测系统构成

在 GNSS 掩星大气探测数据处理过程中，原始掩星数据由 GNSS 掩星大气探测 LEO 卫星及其地面站采集，包括 LEO 卫星定轨及双频 GNSS 伪距及载波相位信息。GNSS 地面监测站网提供用于生成 LEO 卫星精密轨道信息的 GNSS 星历和用于双差掩星观测数据处理的 GNSS 伪距及载波相位信息。通过对原始掩星信号相位信息的校正处理，生成掩星信号相位延迟数据，最终利用 Abel 积分几何光学算法或滑动频谱、全谱反演等物理光学反演算法，融合 GNSS 星历、LEO 卫星精密轨道信息和掩星信号相位延迟及振幅等信息，得到大气折射率分布廓线，进而推算中性层大气温度、大气压力和电离层大气电子密度等地球大气参数。

针对 GNSS 掩星大气探测数据处理特点，近年来提出了"掩星品质"概念，对 GNSS 掩星大气探测原始数据属性提出了更高的需求，包括在等采样频率下，保证单次掩星事件内对大气"扫描"密度，从而更详实地获取大气折射率廓线来反演大气参数。GNSS 掩星大气探测数据处理流程如图 2 - 7 所示。

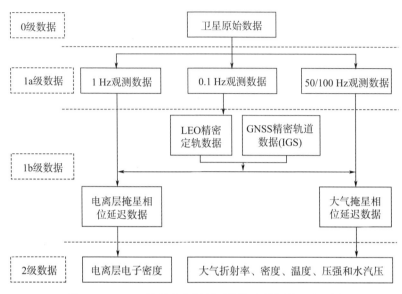

图 2 - 7　GNSS 掩星大气探测系统掩星数据处理流程图

由 GNSS 掩星大气探测系统构成和数据处理流程可知，GNSS 掩星大气探测星座是系统的主要组成部分和数据源，其应用具有以下特点：

1）GNSS 掩星大气探测星座由 LEO 卫星组建；

2）GNSS 掩星大气探测星座应用以 GNSS 信号可接收破译为基础；

3）GNSS 掩星大气探测星座获取的原始掩星数据无法独立生成地球大气信息，原始掩星数据质量对后续数据处理具有决定性作用；

4）GNSS 掩星大气探测星座获取的原始掩星数据利用率受掩星数据反演算法辖治；

5）GNSS 掩星大气探测星座的探测能力建立在"星-星-地"关系上，通信能力建立在"星-地"关系上；

6）GNSS 掩星大气探测星座与 GNSS 间形成的掩星事件具有离散性，每次掩星事件中掩星切点的空间位置上具有伪随机性。

2.3.2　GNSS 掩星大气探测任务分析

GNSS 掩星大气探测主要服务于数值天气预报、气候学和极地气象学等大气科学研究应用。

2.3.2.1　数值天气预报

GNSS 掩星大气探测单次掩星观测数据的垂直分辨率和水平分辨率满足与数值预报模型间的匹配要求，作为大气预报模型的初始场数据源，对全球或局部，尤其是探空气球稀疏地区的天气预报精度有显著的提升作用。目前，以美国国家环境监测中心（NCEP）和欧洲中期天气预报中心（ECMWF）为代表的多个气象研究机构均已引进利用 CHAMP、COSMIC 等 GPS 掩星大气探测系统的数据产品用于大气初始场的设置等数值天气预报分析类应用研究。仅 COSMIC 系统的全球用户就多达百余家，并呈现持续增长的趋势。GNSS 掩星大气探测系统特别适于弥补我国当前数值气象预报大气参数信息不足的缺憾，可大幅提高我国数值天气预报精度[88]。

在数值天气预报应用中，GNSS 掩星大气探测系统较难于设置量性的任务需求。一方面，作为一门新兴的大气探测手段，GNSS 掩星大气探测数据的应用方式和应用领域还在不断发掘中，GNSS 掩星大气探测系统任务指标的选取存在模糊化的特性；另一方面，数值天气预报对 GNSS 掩星大气探测系统可提供的高垂直分辨率中性大气信息数据呈现出多多益善的需求特点，在探空气球稀疏的无人区或火山喷发区等地面条件恶劣地区需求尤其强烈。这种任务需求的不确定性特点对 GNSS 掩星大气探测星座研究的顺畅进行带来了干扰。

2.3.2.2　气候学

全球气候变化监测存在长周期的原位测量上的困难。GNSS 掩星大气探测技术的"扫描式"探测形式和可全球覆盖、无需校正等优点使其成为一种最值得选择的、长期性的全球大气探测手段。

GNSS 掩星大气探测系统可用于改进全球水循环、水汽等相关气候学的认识；全球的势高观测可用于监测从对流层到平流层的重力波，用前所未有的精度解释对流层顶高度和形状；也可用于研究锋面和斜压结构；深入了解对流层和平流层大气交换过程；监测对流层和平流层中全球和局部温度的变化；监测全球温度的周、日变化；提供全球温度剖面，解决由 MSU 推导的温度记录引发的全球变暖还是变冷的长期争论等。

与数值天气预报应用相比，气候学对 GNSS 掩星大气探测系统的时效性要求并不严格，对探测点的时空分布密度要求也相对较低，任务需求特点更侧重表现在系统的稳定性和长期性上。

2.3.2.3　极地气象学

极地环境恶劣，限制了传统大气探测手段的实施，导致极地大气探测呈现较大的误差，使极地气象研究进展缓慢。GNSS 掩星大气探测系统是改善极地大气探测手段匮乏现状的希望，被期望用于提供高密度、高精度的温度和重力波观测，更好地了解控制气旋内平流层温度的过程，从而改进全球对流模型，并可反过来预报臭氧层的变化；对极地上空水汽监测，辅助冰层质量平衡的研究；极地春季突发平流层变暖现象的研究；提供航天工业所需的天气分析和预报等。考虑当前我国国情，将极地气象学应用需求作为现阶段我国 GNSS 掩星大气探测系统的主要任务目标是不太现实的。但鉴于极地气象学的科学价值和航天产业价值，有必要作为我国未来 GNSS 掩星大气探测系统的应用方向予以考虑。因此，GNSS 掩星大气探测系统还应具备一定的可升级拓展性。

2.3.2.4　GNSS 掩星大气探测星座性能评价因子

针对数据应用需求的不同，GNSS 掩星大气探测星座的航天任务需求也有所不同。遵循常规星座应用经验及 GNSS 掩星大气探测应用特点，初步总结 GNSS 掩星大气探测星座性能评价因子见表 2 - 2。

表 2 - 2　GNSS 掩星大气探测星座性能评价因子

性能	评价因子	数值天气预报	气候学	极地气象学
探测性能	掩星探测地球大气纬度范围	√	√	√
	掩星探测地球大气高度范围	√		√
	掩星事件持续时长	√	√	√
	单位时间内掩星事件数量	√	√	√
	单位时间内掩星测点平均水平位置间隔	√	√	√
	单位时间内掩星测点最大水平位置间隔	√		√
	单位区域内掩星事件发生平均时间间隔	√	√	√
	单位区域内掩星事件发生最大时间间隔	√		√
地面可见性	星下点轨迹范围	√		√
	地面可见时间	√	√	√
光照条件	Beta 角			√
	卫星星食	√	√	√

由表 2 - 2 可知，虽然掩星数据被用于不同的气象研究应用领域，但 GNSS 掩星大气探测星座的性能评价因子基本一致，以探测性能、地面可见性和光照性三方面为主。

星座探测性能是 GNSS 掩星大气探测星座最基本、最重要的设计目标。探测性能评价主要围绕原始探测数据品质、探测范围、探测数量和探测均匀度四个方面展开。各项探测性能指标随着数值天气预报、气候学或极地气象学等数据应用方向存在一定的差异性，体现在覆盖区域、数据更新周期和探测密度及覆盖均匀度等性能指标阈值略有不同。

综上，GNSS 掩星大气探测星座探测任务需求主要包括以下四点：

1）单次掩星事件品质良好；

2）对关注区域可实现掩星探测全覆盖；

3）单位时间内可在关注区域内观测到一定量的掩星事件；

4）单位时间内所观测到的掩星事件在关注区域内均匀分布。

2.3.3　GNSS 掩星大气探测星座研究框架

卫星星座研究立足于航天任务展开。由 GNSS 掩星大气探测星座任务需求和星座应用特点可知，此类星座与通信、导航或对地光学遥感等常规星座均存在较大差异，从系统层面上开辟了崭新的研究领域。

遵从卫星星座基础理论，本书从星座构型设计、星座探测性能分析与测度、星座发射部署、星座构型保持与重构四方面开展对 GNSS 掩星大气探测星座这一崭新的航天系统研究，研究框架如图 2-8 所示。

星座构型是将星座视为一个整体，对其轨道类型以及卫星空间分布的描述。星座构型直接影响星座在轨运行轨迹和运行稳定性，多具有绝对或相对稳定的特点。GNSS 掩星大气探测星座构型设计研究是 GNSS 掩星大气探测星座研究的重点和关键技术之一。一般地，星座设计首先建立航天任务需求与星座内卫星数量、卫星轨道要素之间的关系。然后，根据航天任务指标选择和确定卫星数量及轨道要素。之后，通过对比所设计星座性能是否满足任务需求，初步迭代完成卫星星座设计。最后，基于星座设计结果制定星座组建方案，再与航天任务需求对比，最终迭代完成满足航天任务需求的星座设计方案。GNSS 掩星大气探测星座设计基础研究遵从上述规律，从卫星轨道及星座构型参数对星座性能影响特性展开分析，进而探讨并建立此类星座参数的设计准则。在继承和吸收典型星座构型研究成果的基础上，融合 GNSS 掩星大气探测星座参数设计准则，研究此类星座建模方法，使其适于航天工程应用。基于星座探测性能分析与测度研究结果、星座参数设计准则和星座模型，进一步开展星座优化设计研究，为 GNSS 掩星大气探测星座工程化应用奠定基础[89-92]。

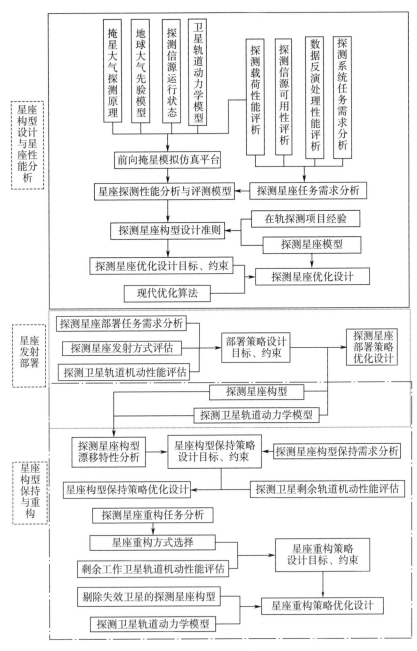

图 2-8　GNSS掩星大气探测星座研究框架

GNSS 掩星大气探测星座发射部署研究与星座构型设计研究在航天工程中是密不可分的两部分，星座研制成本、发射成本、探测性能及部署时长，共同标志着一个星座设计方案的优劣。星座发射部署方案作为星座迭代设计中的一环，其研究基于星座构型和星座内卫星平台特性，衡量经济性和部署期间星座性能，选择运载及星座发射方式，制定星座部署策略。对 GNSS 掩星大气探测星座而言，掩星探测载荷搭载灵活性强，大卫星、中小卫星乃至微纳卫星均可用于组建此类探测星座。考虑到大、中型卫星常为多功能卫星，相应星座的发射部署研究一般不以 GNSS 掩星大气探测任务为出发点，而由小卫星或微纳卫星组建的探测星座最具代表性和经济性，也是 GNSS 掩星大气探测星座的发展趋势。因此，此类研究以具备一箭多星发射能力的探测星座为主要研究对象，考虑微小卫星的轨道机动能力，对探测星座的发射方式及部署策略展开研究。

GNSS 掩星大气探测星座构型保持和重构研究与 GNSS 掩星大气探测星座发射部署研究相仿，同样以由微小卫星组建的探测星座作为主要研究对象。探测星座构型保持研究中，首先从探测星座构型漂移特性和星座构型保持需求出发，建立星座构型保持策略设计目标和约束，再依据星座内卫星剩余轨道机动能力讨论星座构型保持策略。探测星座重构研究中，首先考虑到微小卫星成本低、研制周期短、发射方式灵活等特点，对采用在轨备份或地面备份等探测重构方式的选取进行研究。再从探测星座构型重构方式及剩余工作卫星轨道机动能力出发，建立探测星座重构策略设计目标和约束。最后基于剔除失效卫星后的星座构型，对探测星座重构策略优化设计方法展开进一步研究。需要特别注意的是，当探测星座规模较大时，在轨备份这一"冗余"设计理念在星座构型设计研究中即当有所考虑，在相应的设计研究中不宜剥离[93-95]。

2.4　GNSS掩星大气探测星座轨道动力学建模

2.4.1　星座构型描述

在天体力学中，把研究两个天体在它们之间万有引力作用下的运动问题称为二体问题。卫星绕地球运行的主要规律可以用二体问题描述，而二体问题解析解中的积分常数半长轴 a、偏心率 e、轨道倾角 I、升交点赤经 Ω、近地点角距 ω、过近地点时刻 t_p 称为开普勒根数，用于描述卫星轨道。其中 t_p 常用平近点角 M 代替，并合称为轨道六根数或轨道六元素，如图 2-9 所示。由于卫星在轨受摄受控运动，所有的轨道根数都随时间变化，一组完整的轨道根数应该包括六根数和对应的轨道历元时刻。设星座由 N 颗卫星组成，星座内第 j 颗卫星基于轨道六根数的轨道参数描述如式（2-3）所示。此时星座构型由 $6N$ 个轨道参数描述，是具有通用性的星座构型描述方法

$$x_j = [a_j \quad e_j \quad I_j \quad \Omega_j \quad \omega_j \quad M_j]，j=1,2,\cdots,N \quad （2-3）$$

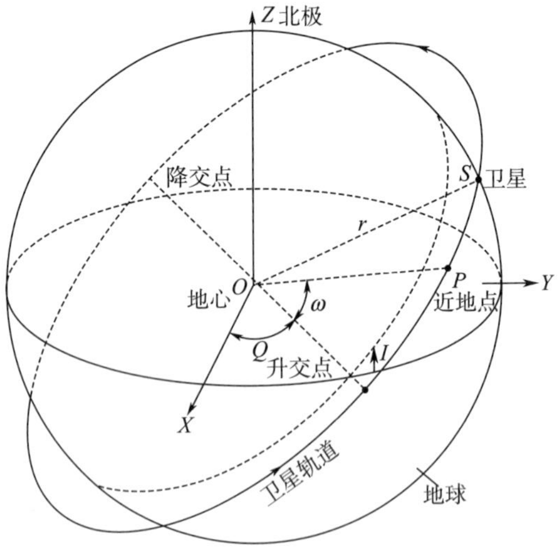

图 2-9　卫星轨道示意图

按照轨道倾角的不同可分为赤道轨道、倾斜轨道和极轨道。其中，赤道轨道倾角为 0，轨道面与赤道面重合；极轨道的轨道倾角为 $90°$，轨道面穿越地球南北两极；倾斜轨道的轨道面倾斜于赤道面。比较而言，赤道轨道适用于赤道附近区域对地覆盖，倾斜轨道适用于某纬度范围区域对地覆盖，极轨道适用于全球对地覆盖。倾斜轨道中，轨道倾角低于 $90°$ 的称为顺行轨道，顺行轨道上的卫星运行方向与地球自转方向相同；反之，称为逆行轨道。按照轨道距地面高度的不同，依范・艾伦带为界又可将卫星轨道分为低轨道、中轨道（MEO）和高轨道（HEO）等。此外，根据轨道具有的一些其他特性，还存在太阳同步轨道、冻结轨道、回归轨道等较为常用的卫星轨道。

2.4.2　LEO 卫星轨道摄动方程

卫星绕地球运行主要受地球非球形摄动、大气阻力摄动、第三体引力摄动和太阳光压摄动等影响，根据参考文献 [96 - 98]，对 LEO 卫星星座有影响的主要是地球非球形摄动和大气阻力摄动。本小节在对二体问题下 LEO 卫星轨道动力学建模基础上，对地球非球形摄动影响和大气阻力摄动影响进行分析。

二体问题下，将任意时刻作用在卫星上的扰动加速度分解成相互垂直的三个分量 T、R、W，其中 R 沿卫星径向方向，W 沿轨道平面正法线方向，T、R、W 构成右手系。高斯型摄动方程建立了轨道要素随时间的变化率与这三个分量之间的关系，其中一种形式为

$$\begin{cases} \dfrac{\mathrm{d}a}{\mathrm{d}t} = \dfrac{2}{n\sqrt{1-e^2}} \left[e\sin f \cdot R + (1+e\cos f) \cdot T \right] \\[3mm] \dfrac{\mathrm{d}e}{\mathrm{d}t} = \dfrac{\sqrt{1-e^2}}{na} \left\{ \sin f \cdot R + \left[er/p + \cos f (1+r/p) \right] \cdot T \right\} \\[3mm] \dfrac{\mathrm{d}\omega}{\mathrm{d}t} = \dfrac{\sqrt{1-e^2}}{nae} \left[-\cos f \cdot R + (1+r/p)\sin f \cdot T - re\sin u/p/\tan I \cdot W \right] \\[3mm] \dfrac{\mathrm{d}\Omega}{\mathrm{d}t} = \dfrac{r\sin u}{na^2\sqrt{1-e^2}\sin I} \cdot W \\[3mm] \dfrac{\mathrm{d}I}{\mathrm{d}t} = \dfrac{r\cos u}{na^2\sqrt{1-e^2}} \cdot W \\[3mm] \dfrac{\mathrm{d}M}{\mathrm{d}t} = n - \dfrac{1-e^2}{nae} \left[(2re/p - \cos f) \cdot R + \sin f(1+r/p) \cdot T \right] \end{cases}$$

$$(2-4)$$

$$n = \sqrt{\mu/a^3}$$
$$M = n(t-\tau)$$
$$p = a(1-e^2)$$

式中　　r——卫星地心距；

　　　　n ——轨道平均角速度；

　　　　M ——平近点角；

　　　　τ ——历元时刻；

　　　　p ——轨道半通径；

　　　　μ ——地球引力常数；

　　　　f ——轨道真近点角。

2.4.2.1　地球非球形引力摄动方程

设卫星在赤道惯性坐标系下的球坐标为 $(r，\alpha，\varphi)$，其中 r 为卫星地心距，α 为卫星赤经，φ 为卫星赤纬，R_e 为地球半径。地球 J_2 项非球形引力的摄动位函数为

$$\Delta U = -\frac{\mu J_2 R_e^2}{2r^3}(3\sin^2\varphi - 1) \qquad (2-5)$$

J_2 项单位质量摄动力在上述球坐标下的分量为

$$\begin{cases} F_r = \dfrac{\partial(\Delta U)}{\partial r} = \dfrac{3}{2} J_2 \dfrac{\mu R_e^2}{r^4}(3\sin^2\varphi - 1) \\[3mm] F_\alpha = \dfrac{\partial(\Delta U)}{\partial \alpha} \dfrac{1}{r\cos\varphi} = 0 \\[3mm] F_\varphi = \dfrac{\partial(\Delta U)}{\partial \varphi} \dfrac{1}{r} = -\dfrac{3}{2} J_2 \dfrac{\mu R_e^2}{r^4}\sin 2\varphi \end{cases} \qquad (2-6)$$

将球坐标系下的摄动加速度投影至径向、横向及法向可得

$$\begin{cases} R = -\dfrac{3}{2} J_2 \dfrac{\mu R_e^2}{r^4}(1 - 3\sin^2 I \sin^2 u) \\[3mm] T = -\dfrac{3}{2} J_2 \dfrac{\mu R_e^2}{r^4} \sin^2 I \sin 2u \\[3mm] W = -\dfrac{3}{2} J_2 \dfrac{\mu R_e^2}{r^4} \sin 2I \sin u \end{cases} \qquad (2-7)$$

将式（2-7）代入式（2-3），可得地球 J_2 项非球形引力引起的轨道周期内平均摄动变化率如式（2-8）。可见，地球非球形摄动的长期效果主要表现在对升交点赤经、近地点幅角和平近点角的影响上，影响量级为一阶（10^{-3}）

$$\begin{cases} \dot{a} = 0 \\[2mm] \dot{e} = 0 \\[2mm] \dot{I} = 0 \\[2mm] \dot{\Omega} = -\dfrac{3}{2}\dfrac{nJ_2}{(1-e^2)^2}\left(\dfrac{R_e}{a}\right)^2 \cos I \\[3mm] \dot{\omega} = -\dfrac{3nJ_2}{4(1-e^2)^2}\left(\dfrac{R_e}{a}\right)^2 (5\sin^2 I - 4) \\[3mm] \dot{M} = n + \dfrac{3nJ_2}{4\sqrt{(1-e^2)^3}}\left(\dfrac{R_e}{a}\right)^2 (2 - 3\sin^2 I) \end{cases} \qquad (2-8)$$

对于近圆轨道，为了便于理论分析卫星相位近似为 $u = \omega + M$，则其在 J_2 项摄动作用下的变化率为

$$\dot{u} = n - \dfrac{3nJ_2 R_e^2}{4p^2}\left[(3\sin^2 I - 2)\sqrt{1-e^2} + (5\sin^2 I - 4)\right]$$

$$(2-9)$$

2.4.2.2　大气阻力摄动方程

空间环境中的稀薄大气会引起卫星轨道半长轴的衰减，从而引起星座相位漂移特性的变化。相对标称轨道，一个轨道周期时间内，大气阻力引起的轨道半长轴衰减量为

$$\Delta a = -2\pi C_{\mathrm{D}} \frac{A}{m} \rho a^2 \tag{2-10}$$

式中　C_{D}——阻力系数；

　　　A——卫星迎风面积；

　　　m——卫星质量；

　　　ρ——大气密度；

　　　a——标称轨道半长轴。

假设初始时刻轨道半长轴为标称半长轴，卫星绝对相位相对标称值的变化率为

$$\Delta \dot{u} = \frac{3\mu\rho C_{\mathrm{D}}}{2a^2} \frac{A}{m} t \tag{2-11}$$

2.4.3　卫星轨道参数转换算法

2.4.3.1　高精度轨道预报算法

采用高精度轨道预报算法（HPOP）模型，可以根据中心天体的引力场模型、中心天体体固系与惯性系转换关系，以及质点初始位置速度，预报质点在惯性系下的位置、速度与加速度。计算方法如下：

将质点在惯性系下的位置记为 r_{I}，有

$$\ddot{r}_{\mathrm{I}} = C_{\mathrm{IE}} \, a_{\mathrm{E}} (C_{\mathrm{EI}} \, r_{\mathrm{I}}) \tag{2-12}$$

式中　$\ddot{r}_{\mathrm{I}}$——惯性系下求导的导数；

　　　C_{IE}——惯性系到中心天体体固系的坐标旋转矩阵；

　　　C_{EI}——中心天体体固系到惯性系的坐标旋转矩阵；

　　　$a_{\mathrm{E}}(C_{\mathrm{EI}} \, r_{\mathrm{I}})$——基于 C_{EI} 和 r_{I} 的中心天体体固系下的惯性加

　　　　　　　　　　速度。

将式（2 - 12）积分，即可得到质点在惯性系下的位置速度。

2.4.3.2　由经典轨道参数计算笛卡尔参数

采用上述 HPOP 模型进行轨道计算时，其输入参数为惯性系下的位置速度，而星座设计中多采用经典轨道参数，即轨道六要素。因此，进行轨道仿真时需要将输入参数由经典轨道参数转化为笛卡尔参数，即惯性系下的位置、速度。计算方法如下：

位置矢量为

$$r = r\cos f \cdot \boldsymbol{P} + r\sin f \cdot \boldsymbol{Q} \qquad (2 - 13)$$

其中

$$\boldsymbol{P} = \begin{bmatrix} \cos\Omega\cos\omega - \sin\Omega\sin\omega\cos I \\ \sin\Omega\cos\omega + \cos\Omega\sin\omega\cos I \\ \sin\omega\sin I \end{bmatrix}$$

$$Q = \begin{bmatrix} -\cos\Omega\sin\omega - \sin\Omega\cos\omega\cos I \\ -\sin\Omega\sin\omega + \cos\Omega\cos\omega\cos I \\ \cos\omega\sin I \end{bmatrix}$$

式中　r ——卫星地心距；

$\quad\quad I$ ——轨道倾角；

$\quad\quad f$ ——轨道真近点角；

$\quad\quad \Omega$ ——轨道升交点赤经；

$\quad\quad \omega$ ——轨道近地点幅角。

卫星速度矢量为

$$\dot{r} = -\frac{H}{p}\sin f \cdot \boldsymbol{P} + \frac{H}{p}(e + \cos f) \cdot \boldsymbol{Q} \qquad (2 - 14)$$

式中　H ——单位质量动量矩；

$\quad\quad p$ ——圆锥曲线半通径。

对于非抛物线轨道，半通径 p 为

$$p = a(1 - e^2) \qquad (2 - 15)$$

式中　a ——圆锥曲线半长轴；

$\quad\quad e$ ——圆锥曲线偏心率。

2.4.3.3　由笛卡尔参数计算经典轨道要素算法

采用上述 HPOP 模型进行轨道计算时，其输出参数为惯性系下的位置速度，而卫星星座设计中多采用经典轨道参数，因此进行轨道仿真时需要将输出参数由笛卡尔参数转化为经典轨道参数。计算方法如下：

动量矩 $\boldsymbol{H}$ 为

$$\boldsymbol{H} = \boldsymbol{r} \times \dot{\boldsymbol{r}} = [H_X \quad H_Y \quad H_Z] \tag{2-16}$$

轨道倾角 I 及升交点赤经 Ω 分别有

$$\begin{cases} \cos I = H_Z/H_Y \\ \tan\Omega = -H_X/H_Y \end{cases} \tag{2-17}$$

当 $I=0$，即 $H_X=H_Y=0$ 时，$\Omega=0$；当 $I\neq0$，$\sin\Omega$ 符号与 H_X 符号相同，由此确定 Ω 所在象限。

偏心率 e 为

$$\boldsymbol{e} = \frac{1}{\mu_E}(\dot{\boldsymbol{r}} \times \boldsymbol{h}) - \frac{\boldsymbol{r}}{r} \tag{2-18}$$

则 $e = |\boldsymbol{e}|$ 为圆锥曲线偏心率，$e \geqslant 0$。

当 $e \neq 1$ 时，圆锥曲线半长轴 a 为

$$a = \frac{h_Z}{\mu_E(1-e^2)} \tag{2-19}$$

当 $I \neq 0$ 时，纬度幅角 u 为

$$\tan u = \frac{h_Z}{(h_Y\sin\Omega + h_X\cos\Omega)\sin I} \tag{2-20}$$

式（2-20）中，$\sin u$ 符号与 h_Z 符号相同，由此确定 u 所在象限。

当 $I \neq 0$ 时，近地点幅角 ω 为

$$\tan\omega = \frac{e_Z}{(e_Y\sin\Omega + e_X\cos\Omega)\sin I} \tag{2-21}$$

式（2-21）中，$\sin\omega$ 符号与 e_Z 符号相同，由此确定 ω 所在象限。当轨道为近圆轨道时，e 为极小值，则此公式为奇异的。

为解决上述问题，设两个判断阈值 e_{low}、e_{up}，则近地点幅角 ω

与 e_{low}、e_{up} 间存在以下关系：

　　1）当 $e < e_{low}$ 时，$\omega = u$；

　　2）当 $e > e_{up}$ 时

$$\tan\omega = \frac{e_Z}{(e_Y \sin\Omega + e_X \cos\Omega)\sin I} \qquad (2-22)$$

　　3）当 $e_{low} \leqslant e \leqslant e_{up}$ 时，ω 保持原来数值。

　　真近点角 f 为

$$f = u - \omega \qquad (2-23)$$

2.4.4　卫星轨道与星座模型及符号定义

　　下面对书中使用的符号作统一定义：

a ——轨道半长轴；

I ——轨道倾角；

Ω ——轨道升交点赤经；

e ——轨道偏心率；

u ——轨道纬度幅角；

T ——轨道周期；

N ——卫星数量；

P ——卫星轨道面数；

F ——卫星相位因子；

r ——地心距离；

h ——地表高度；

θ ——地心转角。

　　下面对文中使用的数学运算符号作简要说明。

　　对于矢量 $\boldsymbol{v} = [x,\ y,\ z]^T$，定义矢量叉乘 $\boldsymbol{v}_1 \times \boldsymbol{v}_2 = \tilde{\boldsymbol{v}}_1 \boldsymbol{v}_2$，其中

$$\tilde{\boldsymbol{v}} = \begin{bmatrix} 0 & -z & y \\ z & 0 & -x \\ -y & x & 0 \end{bmatrix} \qquad (2-24)$$

　　矢量 $\boldsymbol{x}$ 的范数定义为

$$\| x \| = \sqrt{x^{\mathrm{T}} x} \qquad (2-25)$$

对于实数 x，定义 ceil(x) 为对 x 的向上取整；fix(x) 为对 x 的四舍五入取整。

数组 x 的方差 $D(x)$ 定义为

$$D(x) = \frac{\sum\limits_{j=1}^{n} (x_j - \bar{x})^2}{n} \qquad (2-26)$$

数组 x 的离散系数 $V_\sigma(x)$ 定义为

$$V_\sigma(x) = \frac{\sqrt{D(x)}}{\bar{x}} \times 100\% \qquad (2-27)$$

本书研究卫星轨道运动学和动力学建模的假设条件如下：

1）忽略卫星姿态控制的不稳定性；

2）忽略除地球非球形摄动 J_2 项及大气阻力以外的摄动力影响。

2.5　本章小结

本章从 GNSS 掩星大气探测卫星星座任务模式出发，针对 GNSS 掩星大气探测卫星星座"星-星-地"探测特点，从理论上剖析了天基 GNSS 掩星大气探测具有的临边探测、间接探测、伪随机探测特性，分析了 GNSS 掩星大气探测卫星星座研究的特点，阐述了 GNSS 掩星大气探测卫星星座系统组成，研究了数值天气预报、气候学和极地气象学等气象研究应用方向对 GNSS 掩星大气探测卫星星座的任务需求，建立以星座构型设计与性能分析、星座发射部署、星座构型保持与重构为主的 GNSS 掩星大气探测卫星星座研究框架，为后续系统地开展 GNSS 掩星大气探测星座研究奠定了基础。

同时，本章还建立了基于轨道六根数的通用型 GNSS 掩星大气探测卫星星座构型模型，基于此类星座由 LEO 卫星组建的特点，根据 LEO 卫星动力学特性建立地球非球形引力 J_2 项作用下轨道摄动方程和大气阻力摄动方程，并推导经典轨道参数与笛卡尔参数间转换算法，为后续开展 GNSS 掩星大气探测卫星星座参数运算奠定了基础。

第3章 GNSS掩星大气探测星座性能预估方法

3.1 引言

星座设计是一个迭代过程，星座在轨任务要求和性能是星座设计的前提和先决条件。COSMIC 星座用户利用 EGOPS 软件对掩星探测数据进行预估和测评，但此类封装软件所具有的数据模式固化等特性，为星座设计评估的有效性和自主性带来了不确定因素。

前向掩星模拟算法的准确性和快速性是影响 GNSS 掩星大气探测星座性能仿真效率的一个关键因素。由于实际大气环境背景存在复杂性和不确定性，造成穿越地球大气的 GNSS 无线电信号传播路径受大气环境影响产生的弯曲趋势存在不确定性。目前航天工程研究中 GNSS 掩星大气探测卫星星座相关研究以忽略大气环境的理想真空假设为主，制约了模拟仿真算法的准确性。而气象研究中对掩星探测数据反演应用所采用的三维射线追踪算法虽然精度高，但若用于以秒为单位进行临边探测判定的前向掩星模拟中仿真计算量代价过大，使得基于打靶法本质的三维射线追踪算法不适用于 GNSS 掩星大气探测卫星星座研究。显然，平衡前向掩星模拟方法的精准度和运算效率，对保障 GNSS 掩星大气探测星座设计顺利进行具有重要的理论和实际意义。

此外，现存 GNSS 掩星大气探测星座项目大部分仅以每日掩星观测量为设计任务指标，掩星探测覆盖均匀度评价指标模糊，对探测星座优化设计造成困扰[99-101]，星座探测性能评价体系尚需进一步完善。

本章针对前向掩星模拟问题和掩星探测均匀度评价指标设定问

题进行研究。首先将建立大气指数折射率模型，构建洋葱型大气模型，并采用二维射线追踪法对 GNSS 掩星信号传播路径进行分析；然后提出一种基于星间地心角距查找对比的改进前向掩星模拟算法，并通过仿真对所提出方法的有效性进行验证；最后通过分析各气象研究应用领域对 GNSS 掩星大气探测数据的需求特点，引入掩星事件随纬度带分布和栅格化分布均匀度评价双因子，提出一种"双栅"均匀度评价指标，并基于所提出的改进前向掩星模拟算法和"双栅"均匀度评价指标设计并搭建一套 GNSS 掩星大气探测性能预估仿真系统。

3.2　前向掩星模拟

3.2.1　方法描述与问题分析

GNSS 掩星大气探测系统是基于对 GNSS 掩星事件的追踪记录进行间接大气探测的，GNSS 掩星大气探测星座性能的主要评价因子均与每次掩星事件的发生时间、地点等事件属性有关。因此在对星座性能进行分析时，有必要讨论 GNSS 掩星事件的发生条件，归纳掩星事件发生约束条件，制定 GNSS 掩星事件判定算法，从而推算 GNSS 掩星大气探测星座可观测的掩星事件数量及事件属性。

为实现前向掩星模拟，首先需对每颗 GNSS 卫星和 LEO 卫星的位姿进行仿真，将 LEO 卫星与 GNSS 卫星两两组对。考虑到空间环境的复杂性，无线电传播路径需采用打靶法进行求解运算，运算量较大。获取无线电信号传播路径后，再将该传播路径与该时刻地球位置比对，获取该传播路径与地表间最短距离，最终与地球中性大气高度相比较，来判断该时刻对 GNSS - LEO 卫星间是否形成掩星事件，即 LEO 卫星能否实现掩星观测，并在此基础上，计算无线电信号传播路径抵达 LEO 卫星角度，判断该信号可否被星载掩星天线接收，如图 3 - 1 所示。

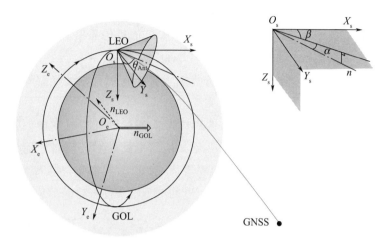

图 3-1　天线视场约束下 GNSS-LEO 掩星事件示意图

设观测信源 GNSS 包含 N_G 颗卫星，探测星座包含 N_L 颗卫星，掩星事件判定步长为 t_s，前向掩星模拟时段时长为 t，则该时长内所需求解的 GNSS-LEO 间无线电信号传播路径个数 K 为

$$K = \frac{t N_G N_L}{t_s} \qquad (3-1)$$

由单次掩星事件时长可知掩星判定仿真步长为秒级，而在 GNSS 掩星大气探测性能分析中，掩星观测量常以天为单位时间进行点数字仿真统计，再考虑到单一 GNSS 星座内卫星数最少为 24 颗，且 2020 年后 GNSS 在轨卫星总数将趋近 117 颗，则 $K \approx 10^7 N_L$。即当探测星座只有几颗卫星组成时，该星座某一单日内掩星探测性能点数字仿真就需要执行近亿组的打靶求解运算，如此繁重的计算量是航天工程应用所不能接受的。因此，需要在确保一定精准度的前提下，对前向掩星模拟算法进行简化。

3.2.2　GNSS RO 信号传播路径模拟方案

3.2.2.1　大气模型

大气折射率的变化主要是由于大气密度随高度变化而引起的，

由于重力的作用，可近似将大气密度看作成球对称分布，则等折射率面就可以用一些同心球面来表示。因此可将大气层分成许多同心球层，当每个球层足够薄时，可认为球层内的大气参数是固定的，电波在球层内沿直线传播，在分界面上发生折射，在大气层外沿直线传播。

目前，GNSS掩星大气探测研究中采用的大气折射率模型各不相同。奥地利Graz大学于2005年开始研发的端对端掩星性能分析软件EGOPS对RO数据计算流程进行了整合，可以在一定大气模型基础上对GNSS‑LEO/LEO‑LEO间的RO事件进行模拟仿真和分析，是目前对RO模拟研究进行的最为深入的一个项目。

EGOPS软件包括任务分析设计系统（Mission Analysis/Planning，MAnPl）、前向模型系统（Forward Modeling，FoMod）、观测模型系统（Observing System Modeling，OSMod）、掩星数据反演系统和可视化/验证系统等几个主要部分。在这款软件中，FoMod和OSMod一起用于掩星模拟观测，通过输入掩星事件类型、单个掩星事件理想的几何模型、实际几何模型，选择FoMod模型采样频率和信号传播模拟器等参数，利用GNSS和LEO卫星星历，模拟上升/下降掩星信号在Angström指数大气模型中的传播过程。其他研究文献中多应用1976年美国标准大气模型进行中性大气层大气折射率的计算，搭建大气折射率模型。这些研究均忽视了电离层大气折射率分布，大气模型是在缺失电离层大气折射率的假设下搭建的。

为了提高RO事件预测算法的可靠性，本书综合考虑了中性大气和电离层折射率分布情况，建立了一种更为精准的对称球面大气折射模型。其中，中性层大气折射先验计算式为

$$\begin{cases} N_f = 347\exp(-0.137h) & 0 < h < 9\ \text{km} \\ N_f = 101.1\exp[-0.137(h-9)] & 9\ \text{km} \leqslant h \leqslant 86\ \text{km} \end{cases}$$

$$(3-2)$$

式中　N_f——大气折射率；

　　　h——大气距地面高度。

由于电离层对中性大气掩星的主要影响来自于 F_2 层和 E 层，因而未考虑 F_1 层和 D 层，利用双查普曼（Chapman）模型计算电离层 E 层和 F_2 层的电子密度为

$$n_e = N_e(h_0)(\exp\{0.5[1 - (h - h_0)/H]\} - \exp[-(h - h_0)/H]) \quad (3-3)$$

式中　$N_e(h_0)$——最大电子浓度；

　　　h_0——最大电子浓度距地面的高度；

　　　H——尺度高度。

在太阳活动剧烈的白天典型情况下，各参数取值见表 3-1。

表 3-1　电离层电子浓度计算参数

电离层	$N_e(h_0)$ /m^{-3}	h_0/km	H/km
E	2×10^{11}	105	5
F	3×10^{12}	300	60

电离层中，大气折射率 N_f

$$N_f = -4.028 \times 10^7 n_e / f^2 \quad (3-4)$$

式中　f——无线电信号频率；

　　　n_e——电子密度。

假设地球大气球形对称，即折射率仅与到地心距离有关。由此，可将大气自地表向上按等高 Δh 分层，认为每层内大气折射率为常值，计算与高度对应的大气折射梯度所生成的数组。其中，大气折射指数计算式为

$$\mu = 10 - 6N_f + 1 \quad (3-5)$$

$$\mu = \frac{\sin\theta_i}{\sin\theta_r} \quad (3-6)$$

式中　μ——大气折射指数；

　　　θ_i——入射角；

　　　θ_r——折射角。

由 2.2.2 小节可知，GNSS 信号频率频段集中 1.2 GHz 和

1.5 GHz 左右。当 $f = 1.2$ GHz 或 $f = 1.5$ GHz 时，无线电信号的大气折射率分布如图 3-2 所示。

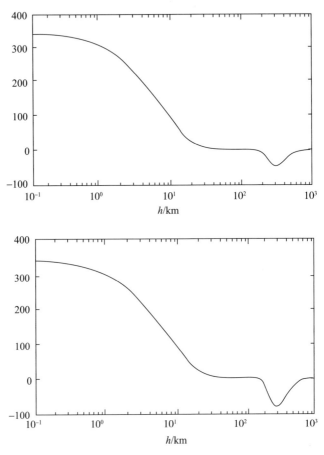

图 3-2　无线电信号在大气传播中折射率分布

3.2.2.2　大气折射模型下 RO 信号路径模拟

由于大气折射率随高度变化，无线电信号进入大气模型后不再保持原有的直线传播路径。基于对称球面大气折射模型，建立高度梯度为 Δh 的洋葱型大气模型如图 3-3 所示。

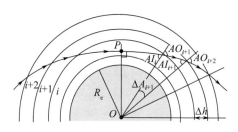

图 3 - 3　洋葱型大气模型下掩星信号传播路径

由正弦定理和斯内尔（Snell）定理可推出

$$\begin{cases} \dfrac{\sin AO_{i+1}}{R_e + h_{i+2}} = \dfrac{\sin AI_{i+1}}{R_e + h_{i+1}} \\[2mm] N_{f\,i+1}\sin AO_{i+1} = N_{fi}\sin AI_i \end{cases} \quad i = 1,2,\cdots,\mathrm{fix}\left(\dfrac{h_{top}}{\Delta h}\right) \quad (3-7)$$

式中　i ——大气层级；

　　　　h_i ——第 i 层大气层顶距地表高度；

　　　　AI_i ——RO 信号从第 i 层进入第 $i+1$ 层的入射角度；

　　　　AO_i ——RO 信号从第 $i-1$ 层进入第 i 层后的出射角度；

　　　　R_e ——地球半径；

　　　　N_{fi} ——第 i 层大气折射率；

　　　　h_{top} ——大气模型顶高。

其中，掩星切点高为 h_{RO} 的 RO 信号在第 i 层的出射角 AO_i 为

$$\begin{cases} AO_i = \pi/2, \text{当 } i = \mathrm{ceil}(h_{RO}/\Delta h) \\[2mm] AO_i = \arcsin\left(\dfrac{N_{fi-1}}{N_{fi}}\sin AI_{i-1}\right), \\[3mm] \quad \text{当 } i = \mathrm{ceil}\left(\dfrac{h_{RO}}{\Delta h}\right) + 1, \mathrm{ceil}\left(\dfrac{h_{RO}}{\Delta h}\right) + 2, \cdots, \mathrm{ceil}\left(\dfrac{h_{top}}{\Delta h}\right) \end{cases}$$

$$(3-8)$$

掩星切点高为 h_{RO} 的 RO 信号在第 i 层的入射角 AI_i 为

$$\begin{cases} AI_i = \arcsin\left(\dfrac{R_e + h_{\mathrm{RO}}}{R_e + i\,\Delta h}\right), \text{当 } i = \mathrm{ceil}(h_{\mathrm{RO}}/\Delta h) \\[3mm] AI_i = \arcsin\left(\dfrac{R_e + i\,\Delta h}{R_e + (i+1)\,\Delta h}\sin AO_i\right), \\[3mm] \qquad \text{当 } i = \mathrm{ceil}\left(\dfrac{h_{\mathrm{RO}}}{\Delta h}\right) + 1, \mathrm{ceil}\left(\dfrac{h_{\mathrm{RO}}}{\Delta h}\right) + 2, \cdots, \mathrm{fix}\left(\dfrac{h_{\mathrm{top}}}{\Delta h}\right) \\[3mm] AI_i = \arcsin\left(\dfrac{R_e + (i-1)\,\Delta h}{R_e + h_{\mathrm{top}}}\sin AO_i\right), \text{当 } i = \mathrm{ceil}\left(\dfrac{h_{\mathrm{top}}}{\Delta h}\right) \end{cases}$$

$$(3-9)$$

则掩星切点高为 h_{RO} 的 RO 信号在第 i 层传播的地心偏转角度 ΔA_i 为

$$\Delta A_i = AO_i - AI_i, i = \mathrm{ceil}\left(\dfrac{h_{\mathrm{RO}}}{\Delta h}\right), \mathrm{ceil}\left(\dfrac{h_{\mathrm{RO}}}{\Delta h}\right) + 1, \cdots, \mathrm{ceil}\left(\dfrac{h_{\mathrm{top}}}{\Delta h}\right)$$

$$(3-10)$$

设掩星事件发生时掩星点处于洋葱型大气模型第 j 层，即

$$j \leqslant \dfrac{h_{\mathrm{RO}}}{\Delta h} < j+1$$

此时，掩星切点位于第 j 层的 RO 信号在掩星切点单侧传播路径在大气模型中第 i 层内地心偏转角 $\Delta\boldsymbol{A}(i, j)$ 为

$$\begin{cases} \boldsymbol{AO}(i,j) = AO_i, \\ \boldsymbol{AI}(i,j) = AI_i, & i = j, j+1, \cdots, \mathrm{ceil}\left(\dfrac{h_{\mathrm{top}}}{\Delta h}\right); j = \mathrm{ceil}\left(\dfrac{h_{\mathrm{RO}}}{\Delta h}\right) \\ \Delta\boldsymbol{A}(i,j) = \boldsymbol{AO}(i,j) - \boldsymbol{AI}(i,j), \end{cases}$$

$$(3-11)$$

当卫星高度 h_{LEO} 低于大气模型顶高 h_{top} 时，式（3-11）替换为

$$\begin{cases} \boldsymbol{AO}(i,j) = AO_i, \\ \boldsymbol{AI}(i,j) = AI_i, & i = j, j+1, \cdots, \mathrm{ceil}\left(\dfrac{h_{\mathrm{LEO}}}{\Delta h}\right); j = \mathrm{ceil}\left(\dfrac{h_{\mathrm{RO}}}{\Delta h}\right) \\ \Delta\boldsymbol{A}(i,j) = \boldsymbol{AO}(i,j) - AI(i,j), \end{cases}$$

$$(3-12)$$

显然，当 $h_{\mathrm{RO}} = 0$ 时，RO 信号传播路径弯曲角度最大，此时 GNSS 卫星与掩星切点间地心角为

$$\theta_{Gmax} = \sum_{i=1}^{k} \Delta \boldsymbol{A}(i,1) + \boldsymbol{AI}(k,1) - \arcsin\left(\frac{r_{top}}{r_G} \sin \boldsymbol{AI}(k,1)\right)$$

$$(3-13)$$

$$k = \mathrm{ceil}(h_{top}/\Delta h)$$

式中　θ_{Gmax} ——GNSS 卫星与掩星切点间地心角;

　　　k ——大气模型层数;

　　　r_{top} ——大气模型顶地心距;

　　　r_G ——GNSS 卫星地心距。

若 LEO 卫星高于大气模型,LEO 卫星与掩星切点间地心角为

$$\theta_{Lmax} = \sum_{i=1}^{k} \Delta \boldsymbol{A}(i,1) + \boldsymbol{AI}(k,1) - \arcsin\left(\frac{r_{top}}{r_L} \sin \boldsymbol{AI}(i,1)\right)$$

$$(3-14)$$

$$k = \mathrm{ceil}(h_{top}/\Delta h)$$

式中　θ_{Lmax} ——LEO 卫星与掩星切点间地心角;

　　　k ——大气模型层数;

　　　r_{top} ——大气模型顶地心距;

　　　r_L ——LEO 卫星地心距。

若 LEO 卫星低于大气模型,LEO 卫星与掩星切点间地心角为

$$\theta_{Lmax} = \sum_{i=1}^{k} \Delta \boldsymbol{A}(i,1) + \boldsymbol{AO}(k+1,1) - \arcsin\left(\frac{R_e + k\Delta h}{r_L} \sin \boldsymbol{AO}(k+1,1)\right)$$

$$(3-15)$$

$$k = \mathrm{ceil}(h_{LEO}/\Delta h) - 1$$

式中　θ_{Lmax} ——LEO 卫星与掩星切点间地心角;

　　　k ——大气模型层数;

　　　r_L ——LEO 卫星地心距。

设中性大气顶高为 h_{ROA} ,当 $j = \mathrm{ceil}(h_{ROA}/\Delta h)$ 时,中性大气探测 RO 信号传播路径弯曲角度最小,此时 GNSS 卫星与掩星切点间地心角为

$$\theta_{\text{Gmin}} = \sum_{i=j}^{k} \Delta A(i,j) + AI(k,j) - \arcsin\left(\frac{r_{\text{top}}}{r_{\text{G}}}\sin AI(k,j)\right)$$

$$(3-16)$$

LEO 卫星与掩星切点间地心角为

$$\theta_{\text{Lmin}} = \sum_{i=j}^{k} \Delta A(i,1) + AI(k,1) - \arcsin\left(\frac{r_{\text{top}}}{r_{\text{L}}}\sin AI(i,1)\right),\text{当 } r_{\text{top}} < r_{\text{L}}$$

$$(3-17)$$

$$\theta_{\text{Lmin}} = \sum_{i=j}^{k} \Delta A(i,j) + AO(k+1,j) - \arcsin\left(\frac{R_e + k\Delta h}{r_{\text{L}}}\sin AO(k+1,j)\right),$$

当 $r_{\text{top}} \geqslant r_{\text{L}}$

$$(3-18)$$

3.2.3　基于指数大气模型的前向掩星模拟算法

3.2.3.1　GNSS 掩星观测约束条件

基于 3.2.2 小节中 GNSS RO 信号传播路径模拟方法，前向掩星模拟中性大气探测掩星事件的观测约束定义为以下两项。

定义 1　GNSS 卫星与 LEO 卫星瞬时地心角 θ_{LOG} 在理想中性大气掩星事件地心角变化区间之内是 GNSS 掩星事件观测约束条件之一，即

$$\theta_{\text{Gmin}} + \theta_{\text{Lmin}} \leqslant \arccos(r_{\text{G}} \cdot r_{\text{L}}) \leqslant \theta_{\text{Gmax}} + \theta_{\text{Lmax}} \qquad (3-19)$$

式中　r_{G}——地心惯性坐标系下 GNSS 卫星位置矢量；

　　　r_{L}——地心惯性坐标系下 LEO 卫星位置矢量；

　　　θ_{Lmin}——中性大气探测 LEO 卫星与掩星切点间地心角极小值；

　　　θ_{Gmin}——中性大气探测 GNSS 卫星与掩星切点间地心角极小值；

　　　θ_{Lmax}——中性大气探测 LEO 卫星与掩星切点间地心角极大值；

　　　θ_{Gmax}——中性大气探测 GNSS 卫星与掩星切点间地心角极

大值。

定义 2　GNSS RO 信号传播至 LEO 卫星抵达角在星载掩星接收天线视场以内是 GNSS 掩星事件观测约束条件之一，即

$$\delta_{in} \leqslant \delta_{Ant} \qquad (3-20)$$

式中　δ_{in}——LEO 卫星星体坐标系下 RO 信号抵达角；

　　　δ_{Ant}——LEO 卫星星体坐标系下掩星天线视场角。

假设 LEO 卫星采取跟踪速度方向对地稳定姿态控制模式，掩星天线轴线与卫星中轴线间偏角为 ζ，建立地心惯性坐标系 $\sum_E$、LEO 卫星轨道坐标系 $\sum_L$、LEO 卫星星体坐标系 $\sum_B$ 和由将 $\sum_B$ 偏转 ζ 得到的掩星天线视场坐标系 $\sum_A$ 如图 3-4 所示。$\sum_E$ 坐标系下掩星信号抵达方向矢量为

$$\boldsymbol{n}_{ERO} = \begin{bmatrix} x_{ERO} & y_{ERO} & z_{ERO} \end{bmatrix}^{T}$$

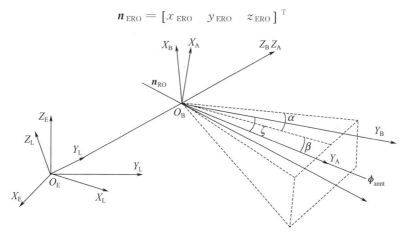

图 3-4　星载 RO 接收机视场示意图

首先，推导将地心惯性坐标系下矢量 $\sum_E$ 转换到 LEO 卫星轨道坐标系 $\sum_L$ 下的计算公式

$$\begin{bmatrix} x_L & y_L & z_L \end{bmatrix}^{T} = \boldsymbol{R}_y \boldsymbol{R}_x \boldsymbol{R}_z \begin{bmatrix} x_E & y_E & z_E \end{bmatrix}^{T} \qquad (3-21)$$

其中，三个转换矩阵分别为

$$\boldsymbol{R}_x = \begin{bmatrix} 1 & 0 & 0 \\ 0 & \cos i_L & \sin i_L \\ 0 & \sin i_L & -\cos i_L \end{bmatrix}$$

$$\boldsymbol{R}_y = \begin{bmatrix} \cos M_L & 0 & -\sin M_L \\ 0 & 1 & 0 \\ \sin M_L & 0 & \cos M_L \end{bmatrix}$$

$$\boldsymbol{R}_z = \begin{bmatrix} \cos \Omega_L & \sin \Omega_L & 0 \\ -\sin \Omega_L & \cos \Omega_L & 0 \\ 0 & 0 & 1 \end{bmatrix}$$

然后，建立 $\sum_B$ 和 $\sum_A$ 坐标系间转移矩阵 $\boldsymbol{R}_a$ 如下

$$\boldsymbol{R}_A = \begin{bmatrix} \cos \zeta & \sin \zeta & 0 \\ -\sin \zeta & \cos \zeta & 0 \\ 0 & 0 & 1 \end{bmatrix}$$

则有

$$[x_A \quad y_A \quad z_A]^T = \boldsymbol{R}_A [x_L \quad y_L \quad z_L]^T \qquad (3-22)$$

设掩星天线水平视场 $\pm\alpha$，俯仰视场为 $\pm\beta$，则式（3-20）可替换为

$$\begin{cases} \left| \dfrac{y_{ARO}}{x_{ARO}} \right| \leqslant \tan\alpha \\ |z_{ARO}| \leqslant \cos\beta \end{cases} \qquad (3-23)$$

基于上述两项掩星观测约束条件，该前向模拟掩星算法将繁杂的打靶法求解问题转化为空间矢量间夹角求解及与边界值比对问题，大幅降低了仿真运算量。同时，与其他面向航天工程应用的简化前向模拟掩星算法相比，该算法在制定掩星观测约束条件时增添了先验大气指数模型和LEO卫星掩星接收天线视场约束，以极低的运算代价换取了更贴近实际的仿真环境，便于获取更为准确的模拟结果。

3.2.3.2　GNSS掩星切点位置算法

随着掩星点高度的不同，掩星点所处大气层级发生变化，相应

的大气模型中各层内 RO 信号转角也不同。因此，可生成某频率的 RO 信号随其掩星点高度变化的转角数组 $\boldsymbol{\theta}_{\text{sLOG}}$，再利用查找对比的方式判断掩星事件是否发生及确定掩星事件发生高度。

在洋葱型大气模型下，设掩星切点位于大气模型第 j 层，相应 GNSS 卫星与 LEO 卫星间地心角距为：

1）当 LEO 卫星高于大气模型时

$$\boldsymbol{\theta}_{\text{sLOG}}(j) = 2\sum_{i=j}^{k}\Delta\boldsymbol{A}(i,j) + 2\boldsymbol{AI}(k,j) - \arcsin\left(\frac{r_{\text{top}}}{r_{\text{G}}}\sin\boldsymbol{AI}(k,j)\right) -$$

$$\arcsin\left(\frac{r_{\text{top}}}{r_{\text{L}}}\sin\boldsymbol{AI}(k,j)\right)$$

$$(3-24)$$

式中　$\boldsymbol{\theta}_{\text{sLOG}}(j)$ ——掩星切点位于第 j 层时对应 GNSS - LEO 星间地心转角；

　　　i ——大气层级；

　　　j ——掩星切点所在大气层级；

　　　k ——大气模型顶层层级数。

2）当 LEO 卫星不高于大气模型时

$$\boldsymbol{\theta}_{\text{sLOG}}(j) = \sum_{i=j}^{k_1}\Delta\boldsymbol{A}(i,j) + \sum_{i=j}^{k_2-1}\Delta\boldsymbol{A}(i,j) + \boldsymbol{AI}(k_1,j) + \boldsymbol{AO}(k_2,j) -$$

$$\arcsin\left(\frac{r_{\text{top}}}{r_{\text{G}}}\sin\boldsymbol{AI}(k_1,j)\right) - \arcsin\left(\frac{R_{\text{e}} + (k_2-1)\Delta h}{r_{\text{L}}}\sin\boldsymbol{AO}(k_2,j)\right)$$

$$(3-25)$$

式中　$\boldsymbol{\theta}_{\text{sLOG}}(j)$ ——掩星切点位于第 j 层时对应 GNSS - LEO 星间地心转角；

　　　i ——大气层级；

　　　j ——掩星切点所在大气层级；

　　　k_1 ——大气模型顶层层级数；

　　　k_2 ——LEO 卫星所在大气模型层级数。

3.2.4　仿真分析

首先，选取 COSMIC 星座运行状态良好的 2010 年 11 月 23 日内 FM1 卫星获取的掩星数据来验证本书提出的前向掩星模拟方法有效性。

仿真中探测卫星轨道参数采用 COSMIC 网上公布的相应卫星轨道数据，由于 COSMIC 未公开相应所观测 GPS 相关信息，暂将该时期在轨运行的 32 颗 GNSS 卫星全部列选为观测信源，星载掩星天线方位视场角为±40°，天线俯仰视场角为±7.5°。对该时段内 GPS-FM1 掩星探测进行模拟仿真，仿真步长为 1 s，所得掩星事件分布如图 3-5 所示。图 3-5 中，(a)、(b) 为 COSMIC 网站公布的 GPS-FM1 掩星事件分布图，(c)、(d) 为利用本书提出的前向掩星模拟方法得到的 GPS-FM1 掩星事件分布图，统计时长分别为 24 h 和 1 h。由图 3-5 中 (a) 与 (c)、(b) 与 (d) 的对比可知，COSMIC 实测掩星事件在仿真结果中全部得到了复现。

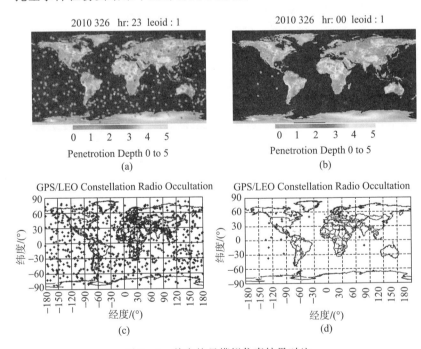

图 3-5　前向掩星模拟仿真结果对比

由图 3-5 对比可知，24 h 内，仿真获取 GPS 掩星事件 546 次，而实测掩星事件仅为 359 次。与实际掩星事件分布对比如图 3-6 所示。分析这一现象的出现有以下几种原因：首先，COSMIC 计划对 24 颗 GPS 观测，而仿真中因观测信源的未知性将 32 颗 GPS 在轨卫星全部列为观测信源，导致掩星事件的增多；其次，COSMIC 网上公布数据是剔除了不适于掩星数据反演等无效掩星事件，对原始掩星数据进行过筛选处理，减少了部分掩星事件；再次，在轨掩星探测受大气背景环境影响，与基于理想大气模型的仿真结果必然存在一定的差异性。因此，仿真结果与在轨探测掩星事件量差异可忽略。

为验证本书提出的前向掩星模拟方法的精准度，借助 COSMIC 数据产品的数据，在已知掩星事件数据及相应 GPS 卫星和 COSMIC 卫星轨道数据基础上，对某日内 COSMIC 整星座掩星事件分布进行了仿真，仿真结果与实际掩星数据比对如图 3-7 和图 3-8 所示，结果表明 99.8% 的掩星事件纬度差在 1°范围以内，最大纬度差为 1.02°；94.3% 的掩星事件经度差在 1°范围以内，最大经度差为 7.53°。掩星事件起始时刻与持续时长偏差分别如图 3-9、图 3-10 所示。掩星事件起始时刻最大偏差为 57 s，偏差小于 40 s 的掩星事件量占据 97% 以上；掩星事件持续时长最大偏差为 90 s，偏差小于 70 s 的掩星事件量占据 92% 以上。上述偏差结果在中尺度数值天气预报应用中是可以接受的，验证了该前向掩星模拟算法的有效性。

为验证提出的改进前向掩星模拟算法的精准度和快速性，在同一台计算机上将同组 COSMIC 数据用于以下两组仿真：1) 忽略大气环境和天线视场的简化前向掩星模拟算法仿真；2) EGOPS 软件仿真。将这两组仿真所得数据结果与本书提出的改进前向掩星模拟算法仿真结果做进一步对比。其中，EGOPS 软件安装在 Linux 系统下，由于软件内所封装的 GPS 星座参数与本次仿真初始数据不匹配，人工输入相应的 GPS 星座与 COSMIC 星座轨道参数，并在其前向模拟掩星模块初始设置中添加了先验大气模型和卫星天线参数进

行仿真。简化前向掩星模拟算法与改进前向掩星模拟算法均在
Matlab 环境下编译并执行仿真。

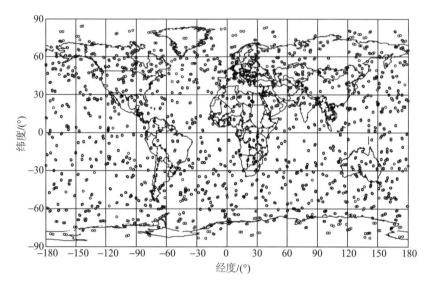

图 3-6　与实际掩星事件分布对比

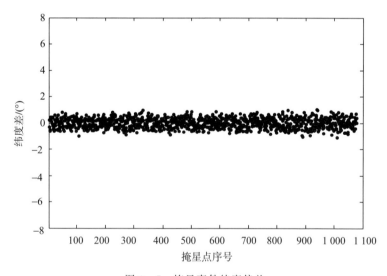

图 3-7　掩星事件纬度偏差

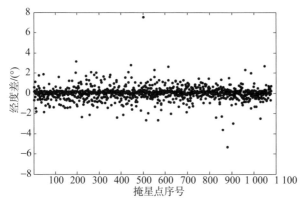

图 3 - 8　掩星事件经度偏差

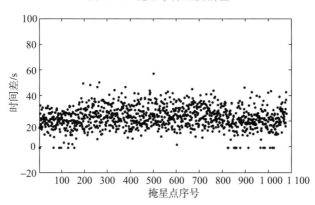

图 3 - 9　掩星事件开始时刻偏差

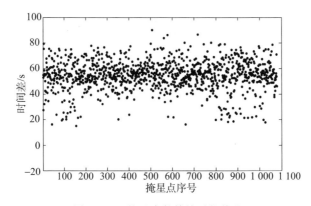

图 3 - 10　掩星事件持续时长偏差

　　三种模拟方法中，简化前向掩星模拟仿真在 20 min 内完成，求解最快。EGOPS 软件仿真耗时约 25 min（不计人工工时），改进前向掩星模拟仿真耗时约 28 min。改进前向掩星模拟虽然相对略长，但应用更便捷，算法自主性、可拓展性更强。统计三种模拟方法仿真结果与实际掩星数据的偏差见表 3 - 2。

表 3 - 2　三种前向掩星模拟方法仿真结果比对

	改进前向模拟掩星算法	EGOPS	其他简化前向掩星模拟算法
纬度偏差/(°)	$0.9(3\sigma)$	$1.0.(3\sigma)$	$1.9(3\sigma)$
经度偏差/(°)	$2.1(2\sigma)$	$2.3(2\sigma)$	$4.7(2\sigma)$
开始时刻偏差/s	$37(2\sigma)$	$36(2\sigma)$	$42(2\sigma)$
持续时长偏差/s	$74(2\sigma)$	$65(2\sigma)$	$69(2\sigma)$

　　显然，本书提出的改进前向掩星模拟方法与其他简化前向掩星模拟方法相比，精准度优势明显，掩星事件定位精准度比后者提高了一倍。与 EGOPS 软件相比，仿真结果精准度接近，掩星事件定位精度仍优于 EGOPS，仅在单次掩星事件持续时长方面偏差相对略大。由 COSMIC 等 GNSS 气象项目的数据产品应用状态可知，掩星事件分布特性为 GNSS 掩星大气探测卫星星座航天任务评估主要指标项，而微小的单次掩星事件持续时长偏差权重较低。改进前向掩星模拟方法在算法精准度上更具有工程应用价值。

　　综上，验证了本书提出的改进前向掩星模拟方法便捷、精准、有效，摆脱了 EGOPS 软件数据封装限制，具备自主性、良好的移植性和二次开发能力，综合性能最优。

3.3　GNSS 掩星大气探测星座探测性能评价指标

3.3.1　GNSS 掩星大气探测数据需求分析

　　由 2.4.2 小节中对 GNSS 掩星大气探测星座任务分析可知，目前 GNSS 掩星大气探测星座探测性能评价缺乏明确的量化指标。本书参考同样用于测定大气各高度上的温度、湿度、气压等大气参数的全球高空大气探测站探测能力，对满足数值天气预报数据需求的 GNSS 掩星大气探测星座性能评测的边界值进行标定。

在数值天气预报中，高空站探测数据或 GNSS 掩星大气探测数据产品均用于设置大气初值场，从而与卫星云图等气象观测数据匹配应用。为了掌握全球大气的变化规律，满足当前天气预报分析的需求，全球已有超过 1 000 个高空探测站点。陆地高空站间距离一般不超过 300 km，海洋及人烟稀少地区高空站间距离一般不超过 1 000 km，各高空站预期每天进行 2 或 4 次观测。然而海洋及荒漠地区的高空站实际站网密度尚未满足要求，且已设立的高空站因受地表条件制约也无法保障每日观测次数。虽然在理想的情况下，全球高空站每日可执行高空观测 2 000～4 000 次，但实际上每日观测不足 2 000 次，且测点较为集中地分布在陆地有人区，海洋及荒漠地区上空测点稀疏[102]。

因此，GNSS 掩星大气探测星座探测能力若与现阶段全球高空站等同，则每日获取全球均布的 2 000 组掩星探测数据即可。若与全球高空站理想状态下的最优空工况等同，则每天获取全球均布的 4 000 组掩星探测数据即可。将地表依 2 000 个点格栅格化，则地表栅格边距约为 500 km，该距离也是 COSMIC 系列等掩星大气探测星座研究应用中广泛采用的点数字仿真统计量纲[103-108]。考虑极限情况，则全球大气测点距离均不超过 300 km，单重覆盖周期为 12 h，则 GNSS 掩星大气探测星座期望探测不低于 11 400 次/天才可满足数据需求，且每 12 h 间隔内的掩星测点位置应有全球均匀分布的统计特性。

3.3.2　掩星探测量与探测域指标

3.3.2.1　掩星探测量

掩星探测量是衡量 GNSS 掩星大气探测星座任务成败的核心指标。COSMIC 是目前可参考的唯一的 GNSS 掩星大气探测星座在轨试验项目,以全球掩星大气探测 2 500 次/天为星座设计任务目标。虽然 COSMIC 实际掩星探测量不足 1 800 次/天,但推动了 GNSS 掩星大气探测数据在气象研究中的广泛应用,验证了掩星数据在气象应用中的重要价值,对掩星探测原始数据反演利用率的讨论更是为此类星座任务需求的设定提供了宝贵的经验。COSMIC Ⅱ 吸取 COSMIC 经验,增添了加大低纬度区域覆盖密度的任务需求,将掩星探测量指标设为不低于 8 000 次/天,相比 COSMIC 掩星探测量指标提升了近 4 倍。

由 3.3.1 小节分析结果可知,为满足现阶段数值天预报对 GNSS 掩星大气探测数据产品的需求,GNSS 掩星大气探测星座每日探测量应不低于 2 000 次,且以超过 11 400 次/天为最优。由此可见,虽然 COSMIC Ⅱ 所设定的掩星探测量指标远远超越了全球高空站测量能力,探测数据量理论上可以满足现阶段数值天气预报应用,但仍未达到理想的数据量需求。

随着 GNSS 掩星大气探测数据在大气科学等研究中应用的不断扩展和加深,在不考虑星座成本的假设下,未来 GNSS 掩星大气探测星座掩星探测量指标将以 11 400 次/天为边界值逐步增高。然而在实际航天工程中,星座成本往往会制约星座内卫星数量。如何利用更少的卫星来组建满足较高探测量任务指标的 GNSS 掩星大气探测星座,是 GNSS 掩星大气探测星座设计所要解决的问题之一。

3.3.2.2　掩星探测域

作为地球大气探测系统,GNSS 掩星大气探测星座的探测域是一个三维空间域。由 2.3.4 小节可知,中性大气掩星探测的测点地表高度在 0~80 km 间变化;电离层大气掩星探测的测点地表高度在 90~1 000 km 间变化。由于地球大气是一个不可分割的整体,大气运动在时间和空间上都存在连贯性,因此在经济条件允许的情况下,GNSS 掩星大气探测系统探测域以实现全球覆盖为佳,即满足全纬度 [-90°,90°] 覆盖和全经度 [-180°,180°] 覆盖。同时,探测高度满足 0~1 000 km 全覆盖。其他对特定纬度带或区域执行 GNSS

掩星大气探测航天任务的星座，其探测域可依具体任务需求进行标定。

综上，GNSS 掩星大气探测星座基本探测性能指标首先应包括以下三点：

1）全球掩星探测量不低于 4 000 次/天，并以超过 11 400 次/天为最优；

2）可实现中性大气（0～80 km）和电离层（90～1 000 km）掩星探测；

3）可实现全球或一定纬度范围内掩星大气探测。

此外，应将掩星事件分布均匀性评价因子作为一项关键性能指标，并列为 GNSS 掩星大气探测星座性能评价指标之一，使探测数据更适于气象研究应用，提高 GNSS 掩星大气探测星座工程应用价值。

3.3.3　"双栅"均匀度评价指标

覆盖性是 GNSS 掩星大气探测星座最基本、最重要的性能指标。现阶段掩星探测覆盖均匀度性能评价研究以三类评估指标为主：

1）划分地表纬度带，统计单位时间内各纬度带内掩星数量并建立数组，将该数组的方差值作为评估指标，如下所示

$$f_1 = D(\boldsymbol{N}_{\text{Lat}}) \tag{3-26}$$

式中　$\boldsymbol{N}_{\text{Lat}}$——各纬度带内掩星量数组。

2）划分地表纬度带，统计单位时间内各纬度带内掩星数量方差值的同时，统计单位时间内掩星事件总时长，分别对方差值与总时长加权，设定综合评估指标，如下所示

$$f_2 = w_1 t + \frac{w_2}{1 + D(\boldsymbol{N}_{\text{Lat}})} \tag{3-27}$$

式中　$\boldsymbol{N}_{\text{Lat}}$——各纬度带内掩星量数组；

t——统计单位时间内掩星事件总时长；

w_1，w_2——加权项。

3) 将地表等距栅格化，统计单位时间内栅格内掩星数不低于预期值的栅格数量与栅格总量的比值作为评估指标，如下所示

$$f_3 = \frac{N_{\mathrm{m}}}{n_{\mathrm{cell}}} \qquad (3-28)$$

式中　　N_{m}——栅格内掩星数不低于预期值的栅格数量；

　　　　n_{cell}——栅格总量。

上述评价指标都在一定程度上反映了掩星事件空间分布的均匀性。然而 f_1 和 f_2 以掩星事件随纬度带分布均匀度为关注点，忽略了经度方向的掩星事件分布特性，对各纬度带内掩星事件随经度分布的疏密性不敏感。f_3 则侧重于栅格内掩星事件分布均度，忽略了大尺度范围内掩星事件的疏离度分布特性，对掩星量稀疏的栅格或掩星量稠密的栅格所在位置不敏感。因此，这三个评价指标都存在着较为明显的缺陷。

本书参考现有 GNSS 掩星探测项目及气象学研究应用需求，通过融合纬度带均匀分布评价因子和栅格化均匀分布评价因子，提出一项具有"双栅"特性的掩星事件球表分布评估指标，如下所示

$$f_{\mathrm{DG}} = V_\sigma(\boldsymbol{N}_{\mathrm{LatW}}) + V_\sigma(\boldsymbol{N}_{500}) \qquad (3-29)$$

式中　　$V_\sigma(\boldsymbol{N}_{\mathrm{LatW}})$——按面积加权后的掩星事件随纬度分布统计离散系数；

　　　　$V_\sigma(\boldsymbol{N}_{500})$——掩星事件栅格化分布统计离散系数。

在地理坐标系下，先以 5°间隔将全球划分为 36 个纬度带，建立单位时间内各纬度带内掩星数数组 $\boldsymbol{N}_{\mathrm{Lat}}$，再将该数组经纬度带面积加权得到数组 $\boldsymbol{N}_{\mathrm{LatW}}$，统计数组 $\boldsymbol{N}_{\mathrm{LatW}}$ 的离散系数作为一个子评价因子；再以 500 km×500 km 将全球近似划分为 2 046 个栅格，建立单位时间内各栅格内掩星数数组 $\boldsymbol{N}_{500}$，统计数组 $\boldsymbol{N}_{500}$ 的离散系数作为另一个子评价因子。最终将两项离散系数经 1∶1 叠加，建立"双栅"掩星探测覆盖均匀度评估指标。

该"双栅"掩星探测覆盖均匀度评估指标对现有评价指标的不敏感进行了弥补，在更为宏观、准确地评估掩星探测覆盖均匀性的

同时，更加切合以 500 km 划分栅格的中尺度数值气象预报对 GNSS 掩星数据的应用需求，更适用于指导完成 GNSS 掩星大气探测星座优化设计。

3.4　GNSS 掩星大气探测性能预估仿真系统设计与实现

3.4.1　组成与功能设计

为了满足星座探测性能预估需求，并满足星座迭代设计的工程需求，星座探测性能预估仿真系统应具有以下几个方面的功能需求[109-112]：

1）具有生成卫星轨道参数功能，通过定义星座构型参数或星座内卫星的初始轨道参数，批量生成星座内卫星初始轨道参数的功能；

2）具有生成大气模型相关数据功能，为 GNSS 掩星模拟提供先验数据；

3）具有前向 GNSS 掩星模拟计算功能；

4）具有人机交互功能，为操作人员提供便捷清晰的人机交互界面，进行任务参数及仿真参数设置；

5）具有数据管理功能，对仿真获得的星座仿真数据、大气模型仿真数据、掩星仿真数据进行管理、传输和储存；

6）具有仿真数据处理及可视化功能，为操作人员展示仿真分析结果。

本系统由 Matlab 仿真软件进行搭建，各软件通过仿真设置进行相应的仿真计算，并显示计算结果，数据处理流程如图 3 - 11 所示。

GNSS 掩星大气探测性能预估仿真系统主要包括星座辅助设计、星座仿真、GNSS 掩星模拟仿真等八个功能模块，基本功能逻辑如图 3 - 12 所示。

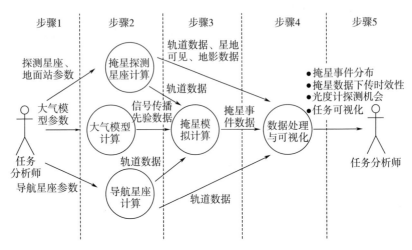

图 3 - 11　GNSS 掩星大气探测性能预估流程

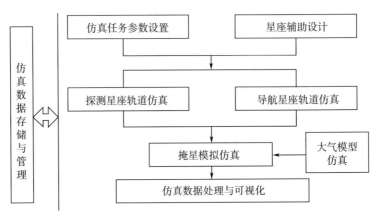

图 3 - 12　GNSS 掩星大气探测性能预估仿真系统功能划分

3.4.2　工作模式设计

　　GNSS 掩星仿真试验系统的使用主要包括前处理、仿真运行和后处理三大阶段，系统运行示意图如图 3 - 13 所示。在前处理阶段，任务分析师通过主控计算机人机交互界面，设置 GNSS 掩星探测任务参数及仿真参数，如 GNSS 掩星大气探测星座参数、GNSS 星座参数、仿真步长等。当需要进行仿真分析时，任务分析师通过主控计算机界面启动仿真，主控计算机通过网络向各仿真节点发布仿真初始化消息；各仿真完成初始化，并通过网络向主控计算机反馈仿真初始化完成消息。

各仿真节点仿真初始化操作包括：

1）GNSS 掩星大气探测星座仿真节点建立 GNSS 掩星大气探测星座场景，包括探测卫星、地面站等；

2）GNSS 星座仿真节点初始化仿真状态，建立 GNSS 星座场景；

3）GNSS 掩星模拟仿真节点初始化仿真状态，完成大气模拟仿真；

4）数据可视化节点初始化仿真状态，建立可视化仿真场景；

5）数据服务器存储任务方案参数。

各仿真节点仿真初始化操作包括：

1）GNSS 掩星大气探测星座仿真节点建立 GNSS 掩星大气探测星座场景，包括探测卫星、地面站等；

2）GNSS 星座仿真节点初始化仿真状态，建立 GNSS 星座场景；

3）GNSS 掩星模拟仿真节点初始化仿真状态，完成大气模拟仿真；

4）数据可视化节点初始化仿真状态，建立可视化仿真场景；

5）数据服务器存储任务方案参数。

在完成仿真初始化的情况下，主控计算机通过网络向各仿真节点发布仿真开始消息，系统开始仿真。具体过程如下：

1）GNSS 掩星大气探测星座仿真节点和 GNSS 星座仿真节点预先仿真一段时间，并根据 GNSS 掩星模拟仿真节点数据请求，通过网络向其发布数据；

2）GNSS 掩星模拟仿真节点模拟判定单步 GNSS 掩星事件，计算 GNSS 掩星事件点数据，并向数据服务器和数据可视化节点发布仿真数据；

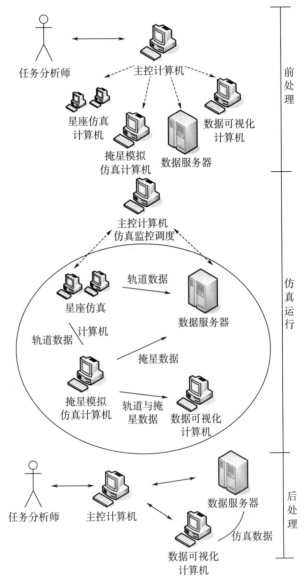

图 3 - 13　GNSS 掩星大气探测性能预估仿真系统运行示意图

3）数据可视化节点利用仿真数据更新可视化场景；

4）重复步骤 1）和 3），直至仿真结束。

仿真期间，各节点可根据设定向数据服务器批量存储数据，主控节点通过网络监控各仿真节点运行状态。

系统仿真结束后，任务分析师通过主控计算机从数据服务器调用仿真数据，并进行处理分析。必要时，还可以通过主控计算机控制数据可视化节点，从数据服务器获取仿真数据，可视化回放仿真过程。

3.4.3　功能模块设计

3.4.3.1　主控模块

主控模块是仿真系统的中枢。作为任务分析师的直接操作对象，主控模块具备图形界面交互功能，能够为任务方案数据输入与仿真分析结果输出提供支持；具备仿真调度控制与数据管理功能，协调整个系统的运行；集成仿真数据处理算法，能够计算任务分析师关注的任务指标；同时具备分布式环境下所需的网络通信与数据服务功能。主控模块功能组成如图 3 - 14 所示。

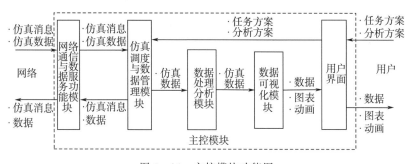

图 3 - 14　主控模块功能图

主控模块的输入输出包括面向任务分析师及其他软件用户的输入输出，以及面向系统内部其他仿真软件的输入输出。前者是系统数据输入输出需求的直接实现方式。

3.4.3.2　GNSS 掩星模拟仿真模块

GNSS 掩星模拟仿真模块可根据 GNSS 星座和 GNSS 掩星探测星座内各星轨道参数及大气环境参数计算 GNSS 掩星事件的时间、空间分布参数。主要由用户界面、GNSS 掩星事件模拟计算模块、仿真调度与数据管理模块和网络通信与数据服务功能模块等组成。其中，GNSS 掩星事件模拟计算模块中包括先验数据计算模块、采样时刻对应数据初始化、GNSS 掩星判定与定位模块、GNSS 掩星事件整合与属性计算模块等子模块。模块功能组成如图 3 - 15 所示。

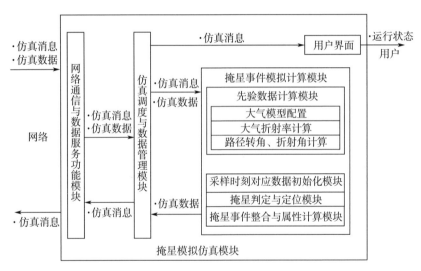

图 3 - 15　GNSS 掩星模拟仿真模块功能图

3.4.3.3　数据服务模块

数据服务软件主要提供网络通信与数据服务功能，一方面为其他仿真软件的网络通信与数据服务提供 API，另一方面作为独立应用程序运行于数据服务器，为其他仿真节点计算机提供数据存储与管理服务。模块功能组成如图 3 - 16 所示。

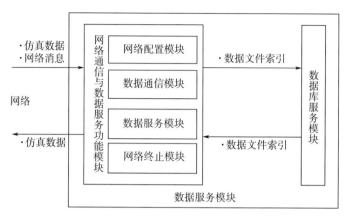

图 3 - 16　数据服务模块功能图

3.4.3.4　数据可视化模块

数据可视化模块主要实现 GNSS 掩星探测任务仿真动态可视化功能,其主要功能模块包括数据可视化模块、用户交互界面模块、仿真调度与数据管理模块、网络通信与数据服务功能模块。数据可视化软件核心数据可视化模块封装 STKCOM 组件,提供二维、三维场景显示与二维地图 GNSS 掩星点动态显示功能,提供 GNSS 掩星任务仿真动态场景,模块功能组成如图 3 - 17 所示。

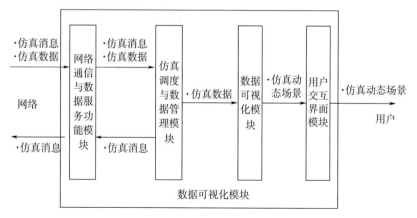

图 3 - 17　数据可视化模块功能图

3.4.4　仿真试验

根据 COSMIC 提供的轨道历元与轨道数据，利用 STK 软件生成一天轨道数据，以此进行一天内 GPS 掩星大气探测仿真。仿真获得掩星事件分布如图 3-18 所示，红点为 COSMIC 实测掩星事件，蓝点为仿真得到的掩星事件。

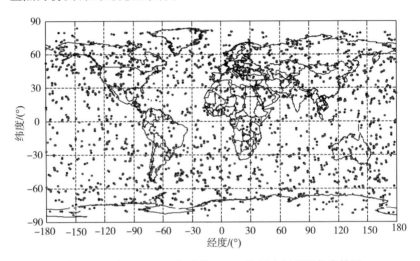

图 3-18　与 COSMIC 相比的 GNSS 掩星大气探测仿真结果

掩星事件空间位置经纬度偏差如图 3-19 和图 3-20 所示。掩星事件起始时刻偏差和持续时长偏差如图 3-21 和图 3-22 所示。

仿真所得掩星事件与 COSMIC 实测数据相比，掩星事件复现率100%。探测性能主要评测项中，掩星事件空间位置最大纬度差为3.98°，纬度偏差在1°以内的掩星事件比率为77.0%，纬度偏差在3°以内的掩星事件比率为99.4%，满足中尺度数值天气预报应用任务需求。掩星事件空间位置最大经度差为19.82°，经度偏差在1°以内的掩星事件比率为77.5%，经度偏差在3°以内的掩星事件比率为95.9%，满足中尺度数值天气预报应用任务需求。

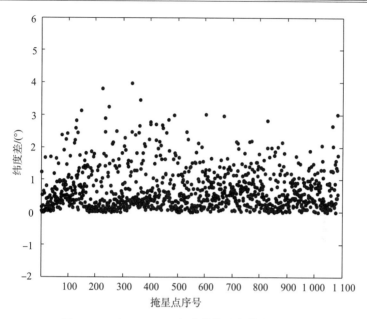

图 3 - 19　与 COSMIC 相比的掩星事件纬度偏差

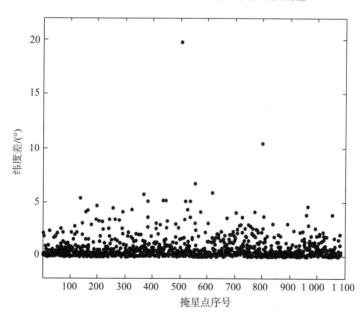

图 3 - 20　与 COSMIC 相比的掩星事件经度偏差

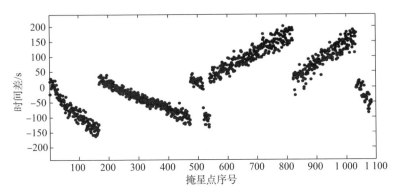

图 3-21　与 COSMIC 相比的掩星事件开始时刻偏差

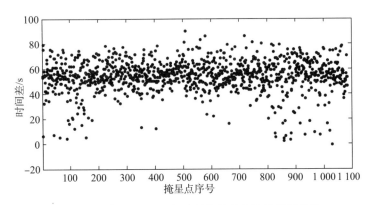

图 3-22　与 COSMIC 相比的掩星事件持续视场偏差

　　其他次要关注项中，掩星事件起始时刻最大偏差为 201 s，偏差在 150 s 以内的掩星事件比率为 91.9%，偏差可接受，且具有周期性；掩星事件持续时长最大偏差为 90 s，偏差在 70 s 以内的掩星事件比率为 91.6%，偏差可接受。

　　综上，试验验证了该 GNSS 掩星大气探测性能预估仿真系统满足中尺度数值天气预报应用任务需求，具有重要的工程应用价值。

3.5 本章小结

针对现有前向掩星模拟方法存在运算繁重或数据格式固化、无自主性等缺憾，构建基于指数大气折射率模型的洋葱型理想大气模型，将临边探测问题中复杂的空间曲线地心距求解问题转化为矢量间夹角求解问题。

利用洋葱型理想大气模型，提出一种兼顾大气环境背景约束和探测载荷性能约束的改进前向掩星模拟算法。通过分析瞬时 GNSS - LEO 星间位置矢量夹角及该时刻 GNSS 无线电信号传播至 LEO 卫星的角度，判别掩星事件的发生。在强化模拟环境真实度的同时，大幅简化了前向掩星模拟的运算量。仿真结果表明该改进前向掩星模拟方法综合性能优于 EGOPS 或其他前向掩星模拟方法，极具航天工程应用性。

针对 GNSS 掩星大气探测星座任务需求日益膨胀的特点，对 GNSS 掩星大气探测数据应用模式进行分析，明确单位时间探测量和探测域为 GNSS 掩星大气探测星座航天任务基本性能指标。以中尺度数值天气预报需求为主要应用方向，融合掩星事件随纬度均匀覆盖评价因子和掩星事件栅格化均匀覆盖评价因子，提出一项"双栅"均匀度评价指标，改善了现有探测覆盖均匀度评价指标的敏感性和探测星座优化设计目标的不确定性。

以改进前向掩星模拟方法为依托，以探测量、探测域和"双栅"均匀度评价指标为探测性能评价主指标，设计、组建并测试了一套 GNSS 掩星大气探测性能预估仿真系统，为探测星座的迭代设计提供了辅助工具。

第 4 章　GNSS 掩星大气探测星座设计

4.1　引言

GNSS 掩星大气探测与导航、通信、对地遥感等常规卫星星座的应用方式明显不同，难于套用常规星座设计准则或方法完成 GNSS 掩星大气探测星座设计[113,114]。针对 GNSS 掩星大气探测应用特点，研究和建立 GNSS 掩星大气探测星座设计方法是非常必要和重要的。

GNSS 掩星大气探测初期设计方法以点数字仿真为主，归纳得出轨道参数对 GPS 掩星大气探测性能的影响特性，以此作为星座参数的选择依据枚举星座构型。由于缺乏严格的理论推导和分析，使得设计结果随机性强，且 GNSS 信号源单一，不利于 GNSS 掩星大气探测星座设计研究的深入开展。因此，构建星座参数与星座性能间的解析关系将更加有利于支撑 GNSS 掩星大气探测星座设计。在 GNSS 掩星大气探测卫星星座信源具有多样性的同时，便于搭载的 GNSS 掩星大气探测载荷也促成了星座内卫星平台的多样性及卫星轨道的多样性。由于目前缺少成熟的 GNSS 掩星大气探测星座构型，依赖于通用型星座模型的探测星座模型较复杂，制约了星座设计效率。

在针对具体航天任务要求进行星座优化设计时，如何兼顾星座探测性能的多项任务指标需求，将多目标优化问题降阶为单目标优化问题是星座优化设计研究的首要问题。为了求解 GNSS 掩星大气探测星座参数这一同时包含离散型和连续性变量的非线性优化问题，还需对优化算法展开改进研究，使其满足星座参数的寻优应用需求，为我国 GNSS 掩星大气探测星座系统的研制提供参考。

本章针对 GNSS 掩星大气探测星座设计中存在的上述问题进行研究。首先结合掩星测点环绕探测卫星星下点分布约束特性，将建立基于理想假设的虚拟"星-地"遥感模型，将"星-星-地"临边探测问题转化为"星-地"观测问题。然后采用二体问题下轨道动力学方程和 J_2 项摄动方程讨论该虚拟"星-地"遥感覆盖特性，由此将离散的伪随机分布的掩星探测问题转换为连续覆盖带探测的问题，进而基于球面几何解析方法得到探测星座参数与探测性能间的解析关系，并通过仿真验证推导结果。在此基础上，以"双栅"均匀度评价指标为目标函数，给出了一套较为系统的 GNSS 掩星大气探测星座参数设计准则，并针对不同的 GNSS 信源探测任务，采用改进智能算法对 GNSS 掩星大探测星座进行优化设计。最后，通过仿真对该优化设计方法和所设计星座方案的有效性进行验证。

4.2　虚拟"星-地"遥感建模方法

4.2.1　GNSS 掩星测点分布特性分析

由 3.2.2.2 小节可知，当掩星事件发生时，中性大气掩星测点地表投影随机分布于以 LEO 卫星星下点为顶心的球带内。球带宽度为

$$\alpha = \theta_{\text{Lmax}} - \theta_{\text{Lmin}} \tag{4-1}$$

式中　θ_{Lmin}——中性大气探测 LEO 卫星与掩星切点间地心角极小值；

　　　θ_{Lmax}——中性大气探测 LEO 卫星与掩星切点间地心角极大值。

将图 3-2 中折射率代入式（3-1）和式（3-5），计算可得与 GNSS 掩星信号频率相对应的洋葱型大气模型内 RO 信号在各层级内转角数组 dA、入射角数组 AI 和出射角数组 AO。再由式（3-14）、式（3-15）、式（3-17）和式（3-18）可得到理想掩星事件中 LEO 探测卫星与掩星切点间地心角度数组 $\boldsymbol{\theta}_\text{L}$ 算式为

$$\boldsymbol{\theta}_{L}(r_{L},j)=\begin{cases}\sum\limits_{i=j}^{k}\Delta\boldsymbol{A}(i,j)+\boldsymbol{AI}(k,j)-\arcsin\left(\dfrac{r_{top}}{r_{L}}\sin\boldsymbol{AI}(i,j)\right),若\ r_{top}<r_{L}\\[4mm]\sum\limits_{i=j}^{k-1}\Delta\boldsymbol{A}(i,j)+\boldsymbol{AO}(k,j)-\arcsin\left(\dfrac{R_{e}+(k-1)\Delta h}{r_{L}}\sin\boldsymbol{AO}(k,j)\right),\\[4mm]若\ r_{top}\geqslant r_{L}\end{cases}$$

$$(4-2)$$

式中　$\boldsymbol{\theta}_{L}(r_{L},j)$ ——与 r_{L}、j 相关的地心角数组；

　　　r_{L} ——LEO 卫星地心距；

　　　r_{top} ——大气模型顶地心距；

　　　j ——理想掩星事件掩星测点所在大气模型层级；

　　　k ——当 $r_{top}<r_{L}$ 时，$k=\mathrm{ceil}(r_{top}/\Delta h)$ ，否则 $k=\mathrm{ceil}(r_{L}/\Delta h)$ 。

由式（4-2）可知

$$\theta_{Lmin}=\boldsymbol{\theta}_{L}[r_{L},\mathrm{ceil}(h_{ROA}/\Delta h)]$$

$$\theta_{Lmax}=\boldsymbol{\theta}_{L}(r_{L},1)$$

则式（4-1）可替换为式（4-3）

$$\alpha=\boldsymbol{\theta}_{L}(r_{L},1)-\boldsymbol{\theta}_{L}[(r_{L},\mathrm{ceil}(h_{ROA}/\Delta h)]\qquad(4-3)$$

由式（4-3）可知，中性大气掩星测点地表投影分布包络与 GNSS 信号频率、LEO 探测卫星地心距和所关注中性大气高度域极值相关。当 GNSS 信号频率与中性大气探测高度域一定时，测点分布包络仅与 LEO 卫星地心距相关。因此，在洋葱型大气指数模型及 LEO 卫星可全视场观测掩星事件假设下，可将基于"星-星-地"集合关系的 GNSS 掩星大气临边探测问题近似转化为仅与 LEO 卫星轨道相关的"星-地"探测问题。

4.2.2　虚拟"星-地"遥感建模

假设理想条件下，地球大气符合洋葱型大气指数模型，地球为标准球，且掩星事件出现在 LEO 卫星掩星接收天线视场内几率为 100%。此时，可将掩星接收机探测场近似作为具有锥形视场的星载对地观测仪，如图 4-1 所示，红色弧线标注出了虚拟"星-地"掩星观测仪观测视场。

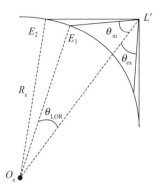

图 4 - 1　GNSS RO 掩星虚拟观测仪

由正弦定理有

$$\begin{cases} \dfrac{\sin\theta_{in}}{R_e} = \dfrac{\sin(\theta_{in}+\theta_{Lmin})}{r_L} \\[2mm] \dfrac{\sin\theta_{ex}}{R_e} = \dfrac{\sin(\theta_{ex}+\theta_{Lmax})}{r_L} \end{cases} \qquad (4-4)$$

式中　θ_{in} ——观测仪内锥角半角；

θ_{ex} ——观测仪外锥角半角；

r_L ——LEO 卫星地心距；

θ_{Lmin} ——中性大气探测 LEO 卫星与掩星切点间地心角极小值；

θ_{Lmax} ——中性大气探测 LEO 卫星与掩星切点间地心角极大值；

R_e ——地球半径。

基于 3.2.3 小节中前向模拟掩星算法，则在理想大气模型假设下，LEO 卫星 GNSS 掩星探测半锥角仅与 LEO 探测卫星与掩星切点间地心角度数组 $\boldsymbol{\theta}_L$、LEO 卫星轨道高度 r_L 相关。显然，观测夹角 δ 求解式为

$$\delta = \arcsin\left(\sqrt{\dfrac{R_e^{\ 2}\sin^2\theta_{Lmax}}{r_L^{\ 2}+R_e^{\ 2}+2rR_e\cos\theta_{Lmax}}}\right) - \arcsin\left(\sqrt{\dfrac{R_e^{\ 2}\sin^2\theta_{Lmin}}{r_L^{\ 2}+R_e^{\ 2}+2rR_e\cos\theta_{Lmin}}}\right)$$

$$(4-5)$$

利用式（4-3）、式（4-5），对单星虚拟"星-地"遥感建模。将 L 频段 GNSS 信号参数代入式（4-4），可知当 LEO 卫星高度在 500～1 200 km 之间变化时，GNSS 掩星探测锥角内、外半角值均在 62°～63°间 1°内变化，相应观测夹角 δ 约为 0.1°。若考虑地球扁率影响，差值在两极附近扩展为 0.4°。在标准球假设下，LEO 卫星虚拟"星-地"遥感所对应掩星事件分布球带宽度 α 在 2°左右变化，对应地表距离约为 700 km。与"双栅"评价指标中栅格标尺 500 km 相比，该虚拟"星-地"遥感可近似为圆周线性扫描观测，瞬时观测域如图 4-2 中深红色圆周所示。

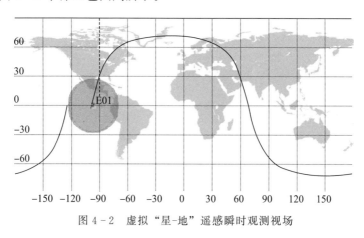

图 4-2　虚拟"星-地"遥感瞬时观测视场

虚拟"星-地"遥感观测域随动 LEO 卫星，沿 LEO 卫星星下点轨迹移动。单轨道周期内，虚拟"星-地"遥感观测域呈现带状覆盖特性[117,118]，如图 4-3 中红色区域所示。

此时，覆盖带宽度 ϕ 与 LEO 卫星高度、理想大气模型及 GNSS 信号频率相关，算式为

$$\phi = 2\theta_{Lmax} \qquad (4-6)$$

式中　θ_{Lmax} ——中性大气探测 LEO 卫星与掩星切点间地心角极大值。

由式（4-6）可知，基于洋葱型球对称指数大气模型，中性大气掩星切点高为 0 km 或 80 km 时，对应于 L 波段的 GNSS 信号

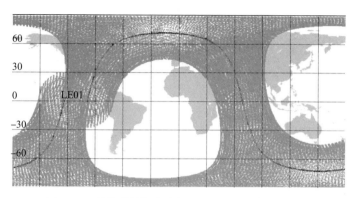

图 4-3　单轨道周期内虚拟"星-地"遥感观测视场

LEO 卫星探测覆盖带宽度随 LEO 卫星轨道高度递增。当 LEO 卫星高度在 500～1 200 km 内选取时，其覆盖带半宽 $\theta_{\text{Lmax}} \in$ [22.02°，32.8°]。

基于 LEO 卫星轨道动力学分析，在 J_2 摄动项作用下，LEO 卫星轨道升交点漂移率为

$$\dot{\Omega} = -\frac{3}{2}J_2\sqrt{\frac{\mu}{a^3}}\left[\frac{R_e}{a(1-e^2)}\right]^2\cos I \qquad (4-7)$$

LEO 卫星星下点轨迹与地球赤道的交点周期为

$$T_N = 2\pi\sqrt{\frac{a^3}{\mu}}\left[1-\frac{3}{2}J_2\frac{R_e^2}{a^2}\left(3-\frac{5}{2}\sin^2 I\right)\right] \qquad (4-8)$$

一圈后地理经度差为

$$\Delta\varphi = T_N(\omega_e - \dot{\Omega}) \qquad (4-9)$$

式中　ω_e——地球自转角速度。

轨道高度在 500～1 200 km 变化的 LEO 卫星交点周期约为 94～109 min。由式（4-7）～式（4-9）可知，LEO 卫星单周地理经度差由轨道高度、轨道倾角、轨道偏心率决定。不同轨道形状、轨道高度或轨道倾角的 LEO 卫星星下点轨迹相对位置将会随着时间的累积持续漂移。

GNSS 掩星大气探测卫星为保证探测性能稳定，多运行在圆形

或近圆轨道上，此时偏心率项对 LEO 卫星单周地理经度差影响极小，可忽略不计。设 $e=0$，计算求取不同轨道高度、不同轨道倾角 LEO 卫星星下点轨迹与地球赤道交点每周地理经度差变化曲面如图 4 - 4 所示，经度差 $\Delta\varphi \in [23.70°，27.41°]$。

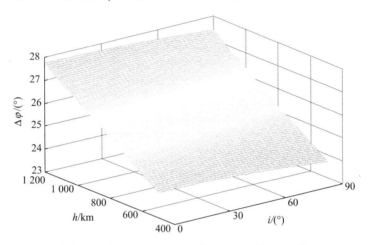

图 4 - 4   不同轨道下卫星星下点轨迹地理经度差

轨道倾角相同时，LEO 卫星单周地理经度差随轨道高度的增高而明显加大，随轨道倾角的增高，同倾角不同高度的 LEO 卫星地理经度差变化幅值由 $3.628°$ 向 $3.721°$ 递增。轨道高度相同时，LEO 卫星单周地理经度差随轨道倾角的增高而略微加大，随轨道高度的增高，同高度不同倾角的 LEO 卫星地理经度差变化幅值由 $0.418°$ 向 $0.334°$ 递减。显然，轨道高度对地理经度差影响的主导性更强。轨道高度越高，地理经度差越大。

值得注意的是，此时探测卫星地理经度差 $\Delta\varphi$ 值域巧妙地内含于虚拟 "星 - 地" 遥感覆盖带半宽 θ_{Lmax} 值域之内。由于轨道倾角差异对地理经度差影响较小，不妨假定轨道倾角为定值，进一步分析当轨道高度不同时其地理经度差 $\Delta\varphi$ 遥感与覆盖带半宽 θ_{Lmax} 间关系，如图 4 - 5 所示，其中（a）中 LEO 卫星轨道倾角为 $80°$，（b）中为 $50°$，（c）中为 $20°$。

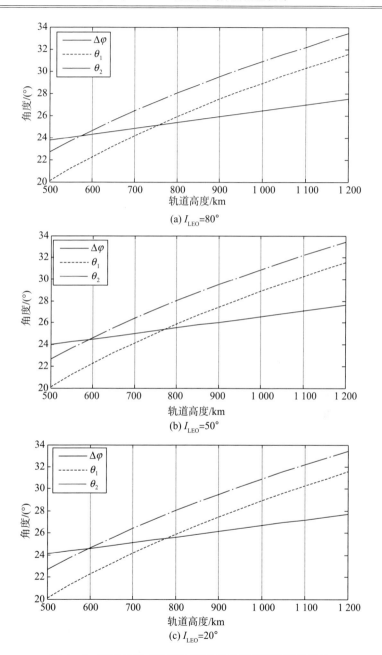

(a) $I_{LEO}=80°$

(b) $I_{LEO}=50°$

(c) $I_{LEO}=20°$

图 4 - 5　卫星星下点轨迹地理经度差与覆盖带半径对比

在图 4-5 中，实线标示 LEO 卫星每周地理经度差随轨道高度的变化，浅色虚线标示掩星测点高度为 80 km 时 LEO 卫星星下点与掩星测点间地心角；深色虚线标示掩星测点高度为 0 km 时 LEO 卫星星下点与掩星测点间地心角。为获取完整高度的中性大气探测数据，选取 0 km 高度掩星测点所对应的地心角距作为虚拟"星-地"遥感观测的覆盖球带半宽。在虚拟"星-地"遥感观测建模下，仅当 LEO 卫星轨道高度接近或高于 800 km 时，地理经度差小于覆盖球带半宽，相邻交点周期内可实现无缝覆盖。随着轨道倾角增高，无缝覆盖所需的轨道高度略有下降。进一步地，当卫星轨道倾角足够大时，轨道高度接近 800 km 的 LEO 卫星理论上可实现每日全球连续覆盖。

4.3　GNSS 掩星大气探测星座设计准则

4.3.1　星座参数对探测量影响性分析

由于电离层掩星探测经常伴随中性大气掩星探测出现，因此本书主要从中性大气探测出发，讨论星座参数对探测性能的影响。在虚拟"星-地"遥感模型假设下，LEO 卫星可实现连续 GNSS 掩星大气探测，所获取掩星事件量显然将远远高于实际掩星探测量。因此，在星座参数对掩星探测量影响性分析中，暂不采用虚拟"星-地"遥感模型，而是基于仿真统计的方法，针对不同 GNSS 信源，分析星座参数对探测量的影响特性。

确保掩星品质是讨论掩星大气探测量的前提。稳定构型的探测星座在摄动作用下相对位置持续变化，每日掩星事件数量虽有波动，但变化趋于平缓。在星座内卫星数量一定的情况下，单颗探测卫星在单位时间内获取掩星事件几率是决定掩星事件量多寡的主因。特别需要指出的是，由于 GNSS 卫星运行在顺行轨道上，若 LEO 卫星也运行在顺行轨道上，则掩星事件发生时 GNSS-LEO 星间同向运动，相对运动速度较慢；反之，若 LEO 卫星运行在逆行轨道上，则掩星事件发生时 GNSS - LEO 星间反向运动,相对运动速度较快。因此,探测星座应选取顺行轨道更有利于在每次掩星事件中获取更多的大气数据,从而反演得到垂直分辨率更高大气参数,提高掩星品质。

在此基础上,进一步讨论星座参数对探测量的影响特性。

首先,探测星座内卫星轨道周期越短,GNSS - LEO 星间相对运动速度越快,单位时间内获取掩星事件数几率越高。仿真 24 h 内轨道倾角同为 72°、而轨道高度不等的 LEO 卫星所观测的 GNSS 掩星大气探测事件,得到中性大气掩星数随探测卫星轨道倾角变化曲线如图 4 - 6 所示,验证了掩星事件数量随着轨道高度的增大而减少的特点,且掩星探测量随各 GNSS 星座内卫星数量的多寡存在一定的数量差异,观测 35 颗 GNSS 信源卫星的 BDS - LEO 掩星事件数量明显高于其他 GNSS - LEO 掩星事件数量。

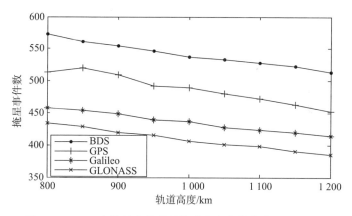

图 4 - 6　24 h 内掩星事件数随轨道高度变化曲线($I = 72°$)

其次,探测星座内卫星轨道倾角影响 GNSS - LEO 卫星间与地球的几何关系,进而影响获取掩星事件几率。轨道倾角越高,探测卫星运行空间越大,观测掩星事件几率越多。仿真 24 h 内轨道高度同为 800 km、而轨道倾角不等的单颗 LEO 卫星观测 GNSS 掩星事件情况,得到中性大气掩星数随探测卫星轨道倾角变化曲线如图 4 - 7 所示。

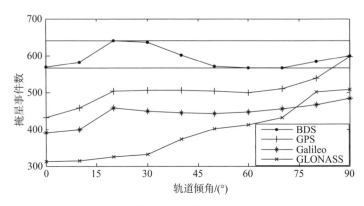

图 4-7 24 h 内掩星事件数随轨道倾角变化曲线 ($h = 800$ km)

当探测卫星轨道高度为 800 km 时，单颗 LEO 卫星每日获取 GNSS 掩星数量见表 4-1。相对于轨道倾角在 60°左右的 GPS、GLONASS 和 Galileo 等 GNSS 掩星探测信源星座，BDS 因包含地球静止轨道卫星使得 BDS 掩星事件变化趋势与其他 GNSS 掩星事件变化趋势略有不同。探测卫星轨道倾角为 20°左右时出现 BDS-LEO 掩星数峰值，而其他三个 GNSS 系统对应的 GNSS 掩星事件数量随探测卫星轨道倾角增大而递增。

表 4-1 每日 GNSS-LEO 掩星数量 ($h = 800$ km)

观测信源	掩星数量最小值 n_{min}	掩星数量均值 $\bar{n}$
BDS	572	591
GPS	434	501
GLONASS	318	438
Galileo	396	392

此外，虽然轨道升交点赤经和平近点角也会对掩星数量产生影响，但由于二者在轨道摄动作用下不具备长期效应，所产生的影响可忽略。

4.3.2　星座参数对探测覆盖域影响性分析

掩星探测覆盖域主要包括探测大气高度和经度、纬度域。由GNSS 掩星大气探测原理可知探测卫星轨道高度是影响探测大气高度域的唯一因素。当 LEO 卫星轨道高度越高，越有利于获取高度跨度更大的电离层掩星事件，从而得到高度域更广的电离层电子廓线。

基于虚拟"星-地"遥感模型可知，LEO 卫星星下点轨迹随轨道倾角的增大向南北极扩展，掩星事件纬度覆盖性随之存在差异。随着 LEO 连续绕地运行，可对所观测纬度区域实现全经度掩星探测覆盖。轨道倾角越高，掩星探测纬度覆盖范围相对越大。假设星载GNSS 掩星接收天线为全视场，地理坐标系下 LEO 卫星掩星覆盖纬度极值 λ_{max} 与轨道倾角对应关系为

$$\lambda_{max} = I + \phi/2 \qquad (4-10)$$

式中　I ——LEO 卫星轨道倾角；

　　　ϕ ——虚拟"星-地"遥感观测覆盖带宽。

当星载 GNSS 掩星接收天线不为全视场，星载掩星接收天线水平视场为 δ_{AntH}，安装偏置角为 δ_{AntF}，此时掩星探测覆盖带宽算式为

$$\phi = 2\theta_{Lmin} \cos\left(\arctan\left(\frac{\tan\delta_{AntH}}{\sin\delta_{AntF}}\right)\right) \qquad (4-11)$$

地理坐标系下 LEO 卫星掩星覆盖纬度极值 λ_{max} 与轨道倾角 I 对应关系为

$$\lambda_{max} = I + \theta_{Lmin} \sin\left(\arctan\left(\frac{\tan\delta_{AntH}}{\sin\delta_{AntF}}\right)\right) \qquad (4-12)$$

设天线安装偏置角及俯仰视场满足低至 0 km 的掩星大气探测条件，则利用球面几何关系可得到全球范围内 GNSS 掩星大气探测纬度极值由天线水平视场、轨道倾角、轨道高度决定，算式如下

$$\begin{cases} \gamma = \arccos\left(-\cos\delta_{AntH}\cos I + \sin\delta_{AntH}\sin I\cos u\right) \\ \lambda_{max} = \max\left\{\arcsin\left(\sin\gamma\sin\left(\arcsin\left(\frac{\sin I\sin u}{\sin\gamma}\right) + \theta_{Lmin}\right)\right)\right\} \end{cases}$$
$$(4-13)$$

式中　γ——掩星信号传播路径所在平面与赤道面夹角；

　　　u——瞬时轨道纬度幅角；

　　　$\theta_{L\min}$——中性大气探测LEO卫星与掩星切点间地心角极小值。

　　显然，轨道高度为800 km时，可实现全纬度覆盖的LEO卫星轨道倾角最小值约为72°，这一结果已由COSMIC星座在轨验证。随着LEO卫星轨道高度在500～1 200 km间递增时，可全纬度覆盖最小轨道倾角近似呈现系数为－0.008 9的线性递减趋势，LEO探测卫星轨道倾角最小值随轨道高度的增大而略有下降。

　　设GNSS掩星大气探测星座内等倾角等轨道高度卫星间最小升交点赤经间隔为α，如图4-8所示。

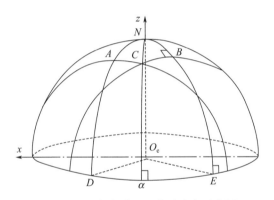

图4-8　相邻轨道卫星轨迹交点示意图

　　图4-8中蓝色线为两条相邻卫星星下点轨迹，相应星下点轨迹顶点分别为A、B，轨迹相交于点C，N为地球均匀求对称假设下地理极点。显然存在

$$\angle CNB = \frac{\alpha}{2} \qquad (4-14)$$

　　在球面直角三角形$\triangle NCB$中，利用球面三角公式可计算C点纬度值为

$$\lambda_C = \arctan[\cos(\alpha/2)\tan I] \qquad (4-15)$$

式中　λ_C——相邻两同轨道高同轨道倾角卫星星下点轨迹交点地理

纬度；

α ——同轨道高同轨道倾角卫星间最小升交点赤经间隔；

I ——同轨道高卫星轨道倾角。

因此，当探测卫星星座不满足极地覆盖要求，仅实现区域性纬度带覆盖时，单轨道周期内可实现无缝掩星探测覆盖的覆盖纬度极值为

$$\lambda_{Cmax} = \arctan\left[\cos(\alpha/2)\tan(I+\phi/2)\right] \qquad (4-16)$$

式中　α ——同轨道高同轨道倾角卫星间最小升交点赤经间隔；

I ——同轨道高卫星轨道倾角；

ϕ ——单颗卫星掩星探测覆盖带宽。

星座内卫星轨道倾角越高，卫星运行空间越大，形成掩星事件几率越多。从这一角度出发，轨道倾角应以满足探测大气覆盖范围需求为基准尽量取最大值。然而，当轨道倾角接近 $90°$ 时，两极附近掩星事件相对增多，中低纬度带掩星事件相对减少，不利于掩星事件的均匀分布。因此，星座轨道倾角的选取应同时兼顾掩星探测纬度覆盖需求和掩星探测均匀性需求。

设探测卫星轨道高度为 $800\ km$，轨道倾角为 $45°$，对运行在该轨道上的 LEO 探测卫星单日内 GPS - LEO 掩星探测仿真，得到掩星事件纬度覆盖如图 4 - 9 所示，验证了上述探测覆盖域影响特性分析结果。

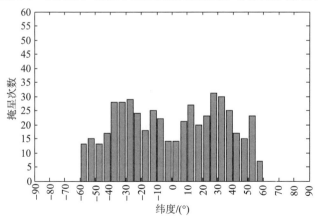

图 4 - 9　24 h 内 GPS - LEO 掩星事件数随纬度带分布（$h = 800\ km$，$I = 45°$）

4.3.3　星座参数对探测覆盖均匀度影响性分析

由虚拟"星-地"遥感模型可知，在交点周期内，单颗 LEO 卫星观测覆盖球带两侧分别存在一个连续的大面积覆盖空洞，如图 4-3 所示。若实现全球无缝探测覆盖，首先假设 LEO 卫星运行在可全纬度覆盖的高轨道倾角上，且轨道高度不低于 800 km，则虚拟"星-地"遥感模型下单颗高轨道倾角 LEO 卫星实现全球连续覆盖耗时 t_1 算式如下

$$t_1 = \frac{\pi}{\Delta\varphi} T_N \qquad (4-17)$$

式中　$\Delta\varphi$ ——每圈地理经度差；

　　　T_N ——交点周期。

显然，单颗 LEO 卫星需要累积 12 h 以上的掩星数据才有实现全球覆盖的可能。已知轨道倾角不同的 LEO 卫星掩星探测纬度覆盖能力不同。鉴于虚拟"星-地"遥感模型下忽略了 GNSS 星座在轨运行状态对 GNSS 掩星事件分布的影响，因此任选 GPS 为观测源，基于式（4-15）选取轨道倾角分别为 20°、50°和 80°的 800 km 高 LEO 卫星轨道，仿真生成单位时间内 GPS-LEO 掩星事件数随纬度分布及经面积加权后掩星事件数随纬度变化如图 4-10 所示。由图 4-10 中（a）可见，增大轨道倾角时，掩星探测覆盖域向两极延展，掩星事件在各纬度带上分布更均匀，但赤道附近掩星数明显下降。图 4-10 中（b）为经面积加权后掩星事件随纬度带分布曲线，高倾角轨道对应掩星事件在低纬度区和高纬度区分布差异显著，赤道附近掩星覆盖密度约为高纬覆盖密度的 1/4，中低纬度带掩星覆盖密度约为高纬覆盖密度的 1/2。

同轨道面 LEO 探测卫星中，升交点角距差为 180°的一对卫星 SatA、SatB 所对应星下点轨迹间距最大。单位时间内，SatB 卫星星下点轨迹等同于将 SatA 卫星星下点轨迹沿赤道方向平移 $\Delta\varphi/2$。同轨道面内 LEO 卫星星下点轨迹与赤道交点每圈地理经度差 $\Delta\varphi$

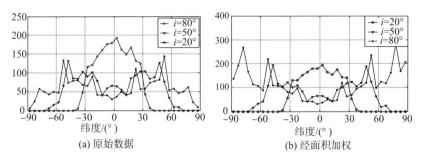

图 4 - 10　2GPS - LEO 掩星事件数随纬度带分布（$h = 800$ km）

变化范围如式（4 - 18）所示。将单颗 LEO 卫星可探测区域沿经度方向扩大至 1.5 倍，所得区域为单轨道面内 LEO 卫星最大可探测范围

$$\Delta\varphi \leqslant \Delta\varphi_P \leqslant 1.5\Delta\varphi \qquad (4 - 18)$$

设 N 颗等倾角 LEO 卫星分布在 P 个轨道面上，每个轨道面内卫星数量相等，可在一定的纬度范围内进行掩星探测。N 颗卫星累积实现该区域内均匀连续覆盖掩星探测的最短时间算式为

$$t_2 = \begin{cases} \left(\dfrac{\pi}{\Delta\varphi P} - \dfrac{1}{2}\right)T_N，如果 \dfrac{N}{P} \geqslant 2 \\[2mm] \dfrac{\pi}{\Delta\varphi N}T_N，其他 \end{cases} \qquad (4 - 19)$$

显然，数据更新速度的提高是以增加星座内卫星数或轨道面数为代价的。理论上，当每个轨道面上仅有一颗 LEO 卫星时，要在单位时间内实现区域内均匀连续掩星探测则星座应包含至少 7 个轨道面；当每个轨道面上至少有 2 颗 LEO 卫星时，在单位时间内能实现区域内均匀连续掩星探测则星座应包含至少 5 个轨道面。

4.3.4　GNSS 掩星大气探测星座参数设计准则

基于 4.4 节中星座参数对探测性能的影响特性分析结果，本书提出一套普遍适用于各种 GNSS 信源的 GNSS 掩星大气探测星座设计准则。

准则 1　为提高"掩星品质",探测星座内卫星轨道应选用圆形,且以顺行轨道为佳。即

$$e = 0, I \in [0°, 90°] \tag{4 - 20}$$

准则 2　为满足单位时间 ΔT 小时内 k 重掩星覆盖,基于"双栅"均匀度评价指标,GNSS 掩星大气探测星座内卫星数量 N 依式(4 - 21)选取

$$N \geqslant \left| \frac{n_{cell} k}{\bar{n} \Delta T / 24} \right| \tag{4 - 21}$$

式中　N ——探测星座内卫星数量;

　　　n_{cell} ——"双栅"均匀度评价指标下总栅格数;

　　　$\bar{n}$ ——单颗 LEO 卫星每日观测 GNSS - LEO 事件均值;

　　　k ——大气探测覆盖重数;

　　　ΔT ——掩星大气探测数据更新周期,h。

参考表 4 - 1,列写不同探测信源条件下在 ΔT 小时内可实现 k 重大气探测覆盖的星座内卫星数量见表 4 - 2。

表 4 - 2　探测星座内卫星数量（$h = 800$ km）

观测信源	$\bar{n}$	N_{min}
BDS	572	ceil($86k/\Delta T$)
GPS	434	ceil($111k/\Delta T$)
GLONASS	318	ceil($152k/\Delta T$)
Galileo	396	ceil($122k/\Delta T$)
BDS+GPS	1 006	ceil($49k/\Delta T$)
BDS+GPS+GLONASS	1 324	ceil($37k/\Delta T$)
GPS+GLONASS+Galileo	1 148	ceil($42k/\Delta T$)
BDS+GPS+GLONASS+Galileo	1 730	ceil($28k/\Delta T$)

准则 3　设星座内完成同一纬度带掩星探测覆盖需求的探测卫星数为 N_j,轨道高度为 h,相应每圈地理经度差为 $\Delta\varphi(h)$,单星虚拟"星-地"遥感覆盖球带宽为 $\phi(h)$。为实现 12 h 或更短周期内的均匀掩星探测,N_j 应尽量满足

$$N_j \geqslant \mathrm{ceil}\,[\pi/\Delta\varphi(h)] \qquad (4-22)$$

在满足式（4 - 23）的前提下，h 以取最小值为优

$$\Delta\varphi(h) \geqslant \phi(h)/2, h \in [500\ \mathrm{km}, 1\ 200\ \mathrm{km}] \qquad (4-23)$$

准则 4　设星座探测任务指标中纬度带覆盖极值为 $\lambda_{\max}$，则在星座内卫星轨道高度确定的情况下，星座内应至少有一个卫星轨道倾角 I 满足式（4 - 12）。为实现全纬度覆盖，星座中应包含一个不低于 72°的轨道倾角。为实现全球均匀覆盖，星座内轨道倾角数应不小于 2。

准则 5　基于"双栅"均匀度评价指标，为提高掩星事件更新速率，星座内卫星轨道面数 P 应满足

$$\begin{cases} P \geqslant 7, \text{若 } N = P \\ P \geqslant 5, \text{若 } N/P \geqslant 2 \end{cases} \qquad (4-24)$$

准则 6　为保证 GNSS 掩星大气探测性能的稳定性，星座内卫星轨道特性应尽量保持一致，即等轨道倾角卫星应保持等轨道高度，且轨道高度与轨道倾角均相等的卫星轨道升交点赤经应尽量均布，从而实现短周期内星下点轨迹均布，进而实现掩星测点均匀分布。

4.4　智能优化算法

由于 GNSS 掩星大气探测星座还没有成熟的星座构型研究成果，因此星座模型采用通用性轨道六根数描述，星座规模庞大。基于 4.3 节 GNSS 掩星大气探测星座设计准则，部分星座参数可以基于探测任务需求直接选取，虽然一定程度上简化了星座模型，但星座参数仍包含多个连续变量和离散变量，星座设计仍是复杂的迭代过程。因此，我们尝试引入几种智能优化算法来解决 GNSS 掩星大气探测星座优化设计问题。

智能优化算法是指一种按照某规则或事项进行的搜索过程，用以得到满足用户需要的问题的解[119-122]。本节对近年来在非线性问题

优化方面应用比较广泛的遗传算法和蚁群算法进行阐述,为后文多个星座设计工况中对上述算法的改进应用作铺垫。

4.4.1 遗传算法

遗传算法(GA)于1975年由J·霍兰提出,是一种基于生物进化的智能优化算法。GA以自然界中的生物进化过程为背景,将生物进化过程中的繁殖、选择、杂交、变异和竞争等概念引入算法中,本质上是一种对迭代、进化的全局搜索算法,通过在搜索过程中有效地利用已有信息来自动获取和积累有关搜索空间的知识,并自适应地控制搜索方向,使其最终走向最优解。GA的思想简单,具有易于实现和良好的寻优能力,在诸多领域得到了广泛的应用,其优化过程是在一定编码机制所对应的码空间上进行,不直接对问题参数本身产生作用,不依赖于问题的具体领域[123-126]。

基本遗传算法的基本流程如图4-11所示。具体步骤为:

1)确定种群中个体数目和编码方案,种群中个体表示为染色体的基因编码,随机产生初始种群;

2)构建适应度函数并计算个体的适应度,判断其是否满足优化目标,若满足,则输出该个体所代表的最优解,运算停止,否则转向步骤3);

3)以个体适应度为依据选择再生个体,适应度越高,被选中的概率越高;

4)设计一定的交叉概率和交叉方法,并依据其生成下一代新个体;

5)设计一定的变异概率和变异方法,并依据其生成下一代新个体;

6)得到由交叉和变异操作产生新一代的种群,并返回步骤2)。

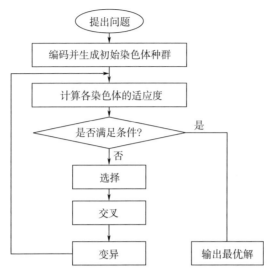

图 4 - 11　基本 GA 求解过程

4.4.2　蚁群算法

蚁群算法（ACO）于 1992 年由科洛尔尼等人提出，是一种基于生物模拟的进化算法。ACO 以自然界中蚁群搜索食物源的过程为背景，将依赖信息素进行觅食的群体行为引入算法中，本质上是一种基于正反馈机制的分布式、自组织、全局搜索算法，正反馈的过程引导着整个系统向着最优解的方向进化。目前，ACO 已经成为一种完全可与 GA 相媲美的仿真优化算法，在车辆调度、通信网络路由问题和大规模集成电路设计等领域已取得了成功的应用，算法同样不依赖于问题的具体领域，易于应用到各种问题中去[127-129]。

设共有 n 个元素，蚂蚁 k 在 t 时刻由元素 i 转移到元素 j 的转移概率 $p_{ij}^k(t)$ 为

$$p_{ij}^k(t) = \begin{cases} \dfrac{\tau_{ij}^\alpha(t)\,\eta_{ik}^\beta(t)}{\sum\limits_{n \in \mathbf{allowed}_k} \tau_{ir}^\alpha(t)\,\eta_{ir}^\beta(t)}, & j \in \mathbf{allowed}_k \\ 0, & \text{其他} \end{cases} \qquad (4-25)$$

式中　**allowed**$_k$——蚂蚁 k 下一步允许选择的所有元素；

　　　$\tau_{ij}(t)$——从元素 i 到元素 j 的路径信息素；

　　　α——启发因子；

　　　$\eta_{ik}(t)$——启发函数；

　　　β——能见度的相对重要性。

在 ACO 中，经过 H 时间，两个元素状态之间的局部信息浓度可以依式（4-25）调整

$$\tau_{ij}(t+H)=(1-\xi)\tau_{ij}(t)+\xi\tau_0 \qquad (4-26)$$

$$\tau_0=1/n$$

式中　ξ——信息素挥发因子，$\xi\in[0,1]$；

　　　τ_0——基准信息素浓度。

蚂蚁通过某一路径后，需要留下信息素信息，来指导后续蚂蚁的寻优动作。全局信息素调整规则可表示为

$$\tau_{ij}(t+n)=(1-\rho)\tau_{ij}(t)+\Delta\tau_{ij}(t) \qquad (4-27)$$

式中　ρ——信息素挥发系数，$\rho\in[0,1]$；

　　　$\Delta\tau_{ij}(t)$——本次循环中路径 (i,j) 上的信息素增量。

$$\Delta\tau_{ij}(t)=\sum_{k=1}^{m}\Delta\tau_{ij}^{k}(t)$$

式中 $\Delta\tau_{ij}^{k}(t)$——表示第 k 只蚂蚁在本次循环中留在路径 (i,j) 上的信息量。

基本 ACO 算法流程如 4-12 所示。具体步骤为：

1）参数初始化，时间和循环次数归零，确定最大循环次数，将 m 只蚂蚁置于 n 个元素上，令有向图上每条边 (i,j) 的初始化信息量 $\tau_{ij}(t)$ 为一常值，初始时刻 $\Delta\tau_{ij}(0)=0$；

2）循环次数 $n_e=n_e+1$；

3）蚂蚁的禁忌标索引号 $k=1$；

4）蚂蚁数目 $k=k+1$；

5）若累积到了算法规定的信息素更新时刻，根据式（4-25）进行局部信息素挥发，否则直接转向步骤6）；

6）利用式（4-25）计算蚂蚁个体选择概率，选择新元素；

7）蚂蚁移动至新元素，并将该元素置于该蚂蚁个体的禁忌表中；

8）依次遍历完所有元素；

9）根据式（4-26）更新信息素；

10）若满足优化目标或累积循环次数溢出，运算停止，输出结果，否则清空禁忌表，并跳转至步骤2）。

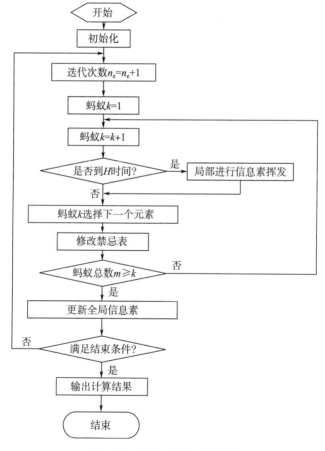

图4-12　基本 AOC 求解过程

4.5　基于"双栅"评价指标的掩星大气探测星座优化设计

4.5.1　GPS 掩星大气探测星座优化设计

美台合作的 COSMIC 星座是迄今唯一一个在轨 GNSS 掩星大气探测星座，该星座由 6 颗微小 LEO 卫星组成，执行以 GPS 为观测信源的掩星大气探测。本书首先参考 COSMIC 星座设计指标，对由 6 颗 LEO 卫星组建的 GPS 掩星大气星座展开优化设计[131]。

该 GPS 掩星大气探测星座设计任务指标为：

1）可实现中性大气和电离层掩星探测；

2）每日中性大气掩星探测量不低于 2 500 次；

3）每日可较为均匀地实现全球中性大气探测；

4）可由运载火箭一次性整星座发射。

依据 4.3 节 GNSS 掩星大气探测星座设计准则，可初步对探测星座参数取值范围进行划定。由 GNSS 掩星大气探测星座准则 1，探测星座内卫星均运行在顺行圆轨道上。由准则 3，探测星座内卫星轨道高度在 800 km 左右，即 $h = 800\ \text{km} \pm \sigma$，$0 \leqslant \sigma \leqslant 50\ \text{km}$。由准则 4，考虑到运载火箭每次发射只能将卫星发射到相同轨道倾角的轨道面上，即一箭整星座发射的探测星座内卫星轨道倾角相同，则该星座轨道倾角应不低于 72°。由准则 5，探测星座内卫星分处不同的轨道面上，即 $P = N = 6$。由准则 6，该探测星座采用玫瑰星座构型。

对于玫瑰星座构型设计问题，星座构型码可记为 $N/P/F : I$，h。则该 GPS 掩星大气探测星座内卫星数与轨道面数同为 6，即为 $N = P = 6$，$F \in \{0, 1, 2, 3, 4, 5\}$。由探测星座设计准则可确定星座内轨道倾角 $I = 72°$，引入虚拟"星-地"观测模型下每圈地理经度差与探测覆盖球带宽间无缝覆盖函数关系，星座内轨道高度应不低于 758 km，则可确定星座内轨道高度为 758 km。因此，该星座设

计仅需对 F 这一个参数进行优化求解即可，即

$$\boldsymbol{X} = F \tag{4-28}$$

优化目标函数为

$$\min f_{\mathrm{DG}} = V\sigma(\boldsymbol{N}_{\mathrm{LatW}}) + V\sigma(\boldsymbol{N}_{500}) \tag{4-29}$$

约束条件为

$$g(\boldsymbol{X}): 0 \leqslant F \leqslant 5, F \in \boldsymbol{Z} \tag{4-30}$$

采用枚举法即可完成该玫瑰星座参数的优化，所得星座构型码为 6/6/4：72°，758 km。星座构型如图 4-13 所示。

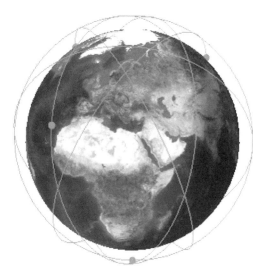

图 4-13　GPS 掩星大气探测星座构型示意图

4.5.2　BDS 掩星大气探测星座优化设计

4.5.2.1　问题描述

从我国自主 GNSS 信源的优势出发，本书提出了一类 BDS 掩星大气探测星座设计，以 2020 年完成二期建设的 BDS 星座为观测信源，总计 35 颗 GNSS 信源卫星，进行掩星大气探测[15,132]。为了与预计 2020 年前完成组建的 COSMIC Ⅱ 星座相对比，设立该 BDS 掩

星大气探测星座设计任务指标为：

　　1）每日中性大气掩星探测量不低于 8 000 次；

　　2）可实现中性大气和电离层掩星探测；

　　3）可实现全球范围内掩星大气探测；

　　4）每日掩星大气探测基于"双栅"均匀度评价指标均匀覆盖。

　　卫星星座通常采用经典轨道参数（即轨道六根数）来描述。设探测星座内包含 N 颗 LEO 卫星，则星座模型内共含有 $6N$ 个相互独立的连续型变量。由 GNSS 掩星大气探测星座设计准则 2，可求得 BDS 掩星大气探测星座内 LEO 卫星数量约为

$$N \cong \mathrm{ceil}(86k/\Delta T)\big|_{k=4,\Delta T=24} = 15$$

则利用轨道六根数来描述的 BDS 掩星大气探测星座模型共包含 90 个相互独立的连续型变量，模型内数据量庞大，需对该星座模型进行简化。

　　由 GNSS 掩星大气探测星座设计准则 1，可设定星座内卫星全部运行在圆形轨道上，即星座内轨道偏心率为

$$e_n = 0, n = 1, 2, \cdots, N$$

　　由 GNSS 掩星大气探测星座设计准则 3，可设定星座内卫星高度统一为 800 km，即星座内轨道高度为

$$h_n = 800 \text{ km}, n = 1, 2, \cdots, N$$

　　已知圆形轨道可由 5 个轨道参数 I，e，a，Ω，u 来描述，由式（4-28）和式（4-29）可知，此时星座模型内变量个数降至 $3N$ 个。

　　综合考虑 GNSS 掩星带探测星座设计准则 4 和准则 6，可设定星座内包含 2 个不同轨道倾角，同轨道倾角卫星组建子星座，即该 BDS 掩星大气探测星座由两个子星座 ConA 和 ConB 构成。

　　当星座内卫星总数为 15，子星座数量为 2，由 GNSS 掩星大气探测星座设计准则 5 可知，Con A、ConB 内卫星个数分别为 7 和 8，且 ConA 子星座为玫瑰星座构型，即 $N_A = P_A = 7$，ConB 子星座构型未知。设定子星座 ConA 轨道高度为 810 km，子星座 ConB 轨道高度为 800 km。

由于轨道升交点赤经和纬度幅角对探测性能不具有长期影响性，可假定 ConA 子星座中基准星初始时刻轨道升交点赤经与纬度幅角均为 0°。此时，该 BDS 掩星大气探测星座内所需求解星座参数如下所示

$$\boldsymbol{X} = \begin{bmatrix} F_A & I_A & I_B & \Omega_{Bj} & u_{Bj} \end{bmatrix}, j = 1, 2, \cdots, 8 \qquad (4-31)$$

式中　F_A ——ConA 子星座相位因子；

　　　I_A ——ConA 子星座内卫星轨道倾角；

　　　I_B ——ConB 子星座内卫星轨道倾角；

　　　Ω_{Bj} ——ConB 子星座内第 j 颗卫星初始轨道升交点赤经；

　　　u_{Bj} ——ConB 子星座内第 j 颗卫星初始轨道纬度幅角。

综上，星座设计任务指标中 1)、2)、3) 三项指标需求可通过基于 GNSS 掩星大气探测星座设计准则的星座模型内参数预处理来实现，BDS 掩星大气探测星座优化设计目标函数简化为最小化每日 BDS 掩星大气探测事件"双栅"均匀度评价指标，如下所示[133]

$$\min f_{DG} = V\sigma(\boldsymbol{N}_{LatW}) + V\sigma(\boldsymbol{N}_{500}) \qquad (4-32)$$

约束条件为

$$g(\boldsymbol{X}) : \begin{cases} 0° \leqslant F_A \leqslant 6, F_A \in \boldsymbol{Z} \\ 72° \leqslant I_A \leqslant 90° \\ 0° \leqslant I_B \leqslant 50° \\ 0° \leqslant \Omega_{Bj} \leqslant 360°, j = 1, 2, \cdots, 8 \\ 0° \leqslant u_{Bj} \leqslant 360°, j = 1, 2, \cdots, 8 \end{cases} \qquad (4-33)$$

4.5.2.2　星座优化

BDS 掩星大气探测星座优化设计是一个复杂的非线性混合参数优化问题。本书利用遗传算法对此类星座优化设计问题求解。

星座变量中，值域为 [0, 6] 的离散变量 F_A 采用二进制编码，编码长度为 3，如图 4-14 所示。对各连续变量的值域做等分切割，同样采用二进制编码，每个连续变量编码长度为 8。

3 bits	8 bits	8 bits	8 bits	8 bits	...	8 bits	8 bits
F_A	I_A	I_B	Ω_{B1}	u_{B1}		Ω_{B8}	u_{B8}

图 4 - 14　GA 编码构造示意图

解码算法如式（4 - 34）所示

$$\begin{cases} I_A = 72 + \dfrac{x_{I_A}}{2^8}(90 - 72) \\[2mm] I_B = \dfrac{x_{I_B}}{2^8}50 \\[2mm] \Omega_{Bj} = \dfrac{x_{\Omega_{Bj}}}{2^8}360, j = 1,2,\cdots,8 \\[2mm] u_{Bj} = \dfrac{x_{u_{Bj}}}{2^8}360, j = 1,2,\cdots,8 \end{cases} \qquad (4 - 34)$$

式中　x——各连续变量所对应的 8 位二进制码相应的十进制数。

采用两点交叉和自适应变异算子，基于遗传算法的 BDS 掩星大气探测星座优化设计结果见表 4 - 3。星座构型如图 4 - 15 所示。

表 4 - 3　BDS 掩星大气探测星座优化设计结果

子星座	$I/(°)$	e	h/km	$\Omega/(°)$	$u/(°)$
ConA	78.2	0	810	$N_A/P_A/F_A$:7/7/1	
ConB	34.8	0	800	8.4	32.3
				50.6	160.0
				112.9	6.3
				147.7	54.1
				195.1	101.3
				218.0	18.9
				269.3	260.9
				312.2	27.7

图 4 - 15　BDS 掩星大气探测星座构型示意图

4.5.3　BDS＋GPS 掩星大气探测星座优化设计

4.5.3.1　问题描述

从利用我国风云系列气象卫星资源出发，本书提出了一类由运行在太阳同步轨道上的卫星和低倾角 LEO 卫星组成的混合构型星座设计，实施兼容 BDS 和 GPS 掩星信号观测的 BDS＋GPS 掩星大气探测。其中，BDS 星座数据依 2020 年完成二期建设后星座构型为准，GPS 星座数据依当前在轨的 31 颗 GPS 卫星轨道数据为准，总计 66 颗 GNSS 信源卫星，进行掩星大气探测。基于 3.3.1 小节所提出的基本掩星探测指标，设立该 BDS＋GPS 掩星大气探测星座设计任务指标为：

1）每日中性大气掩星探测量不低于 8 000 次；

2）可实现中性大气和电离层掩星探测；

3）可实现全球范围内掩星大气探测；

4）每日掩星大气探测基于“双栅”均匀度评价指标均匀覆盖。

　　设探测星座内包含 N 颗 LEO 卫星,由 GNSS 掩星大气探测星座设计准则 2,可求得 BDS+GPS 掩星大气探测星座内 LEO 卫星数量约为

$$N \cong \text{ceil}(49k/\Delta T)\,\big|_{k=4,\Delta T=24}=13$$

则利用轨道六根数来描述的 BDS+GPS 掩星大气探测星座模型共包含 78 个相互独立的连续型变量,模型内数据量庞大,需对该星座模型进行简化。

　　由 GNSS 掩星大气探测星座设计准则 1,可设定星座内卫星全部运行在圆形轨道上,即星座内轨道偏心率为

$$e_n = 0, n = 1, 2, \cdots, N$$

　　由 GNSS 掩星大气探测星座设计准则 3,可设定星座内非太阳同步轨道卫星高度统一为 800 km,即非太阳同步轨道子星座 ConB 内卫星轨道高度为

$$h_B = 800 \text{ km}$$

　　参考 FY3‑C 卫星轨道,太阳同步轨道子星座 ConA 内卫星轨道高度为

$$h_A = 836 \text{ km}$$

　　太阳同步轨道子星座 ConA 内卫星轨道倾角为

$$I_A = 98.75°$$

　　设子星座 ConA 内卫星轨道历元时刻为春分日,则各太阳同步轨道卫星轨道升交点赤经与降交点地方时关系为

$$\Omega = \pi + \frac{\pi(t_{Aj} - 12)}{12} \qquad (4-35)$$

式中　　t_{Aj}——ConA 子星座内第 j 颗卫星降交点地方时,$j = 1$,
　　　　2,3。

　　纬度幅角为

$$u_{A1} = u_{A2} = u_{A3} = 0°$$

　　参考历代风云系列气象卫星运营状态,设 ConA 子星座内卫星个数 $N_A \leqslant 3$,则 ConB 子星座内卫星数量为 $N_B = 13 - N_A$,由

GNSS 掩星大气探测星座设计准则 5 可知，ConB 内轨道面数 $5 \leqslant P_B \leqslant 7$。

由 4.3.3 小节星座内轨道倾角对探测覆盖均匀度影响分析结果，当星座内仅包含 2 种不同轨道倾角时，为优化"双栅"均匀度评价指标，两子星座内卫星个数差值不宜过大。进而可以设定 $N_A = 3$，$N_B = 10$，$P_B = 5$。

由于轨道升交点赤经和纬度幅角对探测性能不具有长期影响性，可假定 ConB 子星座中基准星初始时刻轨道升交点赤经与纬度幅角均为 $0°$。此时，该 BDS+GPS 掩星大气探测星座内所需求解星座参数如下所示

$$\boldsymbol{X} = \begin{bmatrix} t_{A1} & t_{A2} & t_{A3} & F_A & I_B \end{bmatrix} \tag{4-36}$$

式中　t_{Aj}——ConA 子星座内第 j 颗卫星降交点地方时，$j = 1$，2，3；

F_B——ConB 子星座相位因子；

I_B——ConB 子星座内卫星轨道倾角。

综上，星座设计任务指标中 1）、2）、3）三项指标需求可通过基于 GNSS 掩星大气探测星座设计准则的星座模型内参数预处理来实现，BDS+GPS 掩星大气探测星座优化设计目标函数简化为最小化每日 BDS+GPS 掩星大气探测事件"双栅"均匀度评价指标，如下所示

$$\min f_{DG} = V\sigma(\boldsymbol{N}_{LatW}) + V\sigma(\boldsymbol{N}_{500}) \tag{4-37}$$

约束条件为

$$g(\boldsymbol{X}): \begin{cases} 0 \leqslant F_B \leqslant 4, F_B \in \mathbf{Z} \\ 0° \leqslant I_B \leqslant 50° \\ 12 \leqslant t_{Aj} \leqslant 18, j = 1,2,3 \end{cases} \tag{4-38}$$

4.5.3.2　星座优化

BDS+GPS 掩星大气探测星座优化设计是一个混合优化问题。本书利用遗传算法对这一星座优化设计问题求解。

星座变量中，值域为 $[0，4]$ 的离散变量 F_A 采用二进制编码，

编码长度为 3。对其余连续变量的值域做等分切割，同样采用二进制编码，每个连续变量编码长度为 8。编码总长度为 35，解码算法如下所示

$$
\begin{cases}
I_B = \dfrac{x_{i_B}}{2^8} 50 \\[4mm]
t_{Aj} = 12 + \dfrac{x_{\Omega_{Bj}}}{2^8}(18 - 12)\ ,\ j = 1,2,3
\end{cases}
\tag{4-39}
$$

采用两点交叉和自适应变异算子，基于遗传算法的 BDS＋GPS 掩星大气探测星座优化设计结果见表 4-4。星座构型如图 4-16 所示。

表 4-4　BDS＋GPS 掩星大气探测星座优化设计结果

子星座	$I/(°)$	e	h/km	$\Omega/(°)$	$u/(°)$
ConA	95.87	0	836	183.2	0
				225.1	0
				267.8	0
ConB	51.7	0	800	$N_B/P_B/F_B{:}10/5/1$	

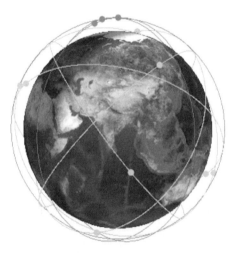

图 4-16　BDS＋GPS 掩星大气探测星座构型示意图

4.5.4　4 - GNSS 掩星大气探测星座优化设计

4.5.4.1　问题描述

从利用更少的卫星获取更多的 GNSS 掩星探测量出发，本书提出了以 BDS+GPS+GLONASS+Galileo 共同作为观测信源的 4 - GNSS 掩星大气探测星座构想，总计对 117 颗 GNSS 信源卫星进行掩星大气探测。基于 3.3.1 小节所提出的基本掩星探测指标，设立该 4 - GNSS 掩星大气探测星座设计任务指标为：

1) 每日中性大气掩星探测量不低于 8 000 次；

2) 可实现中性大气和电离层掩星探测；

3) 可实现全球范围内掩星大气探测；

4) 每日掩星大气探测基于"双栅"均匀度评价指标均匀覆盖。

由 GNSS 掩星大气探测星座设计准则 2，可求 4 - GNSS 掩星大气探测星座内 LEO 卫星数量约为

$$N \cong \text{ceil}(28k/\Delta T)\,|_{k=4, \Delta T=24} = 7$$

由 GNSS 掩星大气探测星座设计准则 1，可设定星座内卫星全部运行在圆形轨道上，即星座内轨道偏心率为

$$e_i = 0, i = 1, 2, \cdots, N$$

由 GNSS 掩星大气探测星座设计准则 3，可设定星座内卫星高度统一为 800 km，即星座内轨道高度为

$$h_i = 800 \text{ km}, i = 1, 2, \cdots, N$$

综合考虑 GNSS 掩星带探测星座设计准则 4 和准则 6，可设定星座内包含 2 个不同轨道倾角，同轨道倾角卫星组建子星座，即该 4 - GNSS 掩星大气探测星座由两个子星座 ConA 和 ConB 构成。为避免子星座间卫星碰撞，鉴于 800 km 高度圆轨卫星瞬时轨道高度与平均轨道高度差在 ±5 km 之内，设定子星座 ConA 轨道高度为 810 km，子星座 ConB 轨道高度为 800 km。

当星座内卫星总数为 7，子星座数量为 2，由 GNSS 掩星大气探测星座设计准则 5 可知，Con A、ConB 子星座均为玫瑰星座构型，

即 $N_A = P_A$, $N_B = P_B$ 。

由于轨道升交点赤经和纬度幅角对探测性能不具有长期影响性，可假定 ConA 子星座中基准星初始时刻轨道升交点赤经与纬度幅角均为 $0°$。此时，该 4 - GNSS 掩星大气探测星座内所需求解星座参数如下所示

$$\boldsymbol{X} = [N_A \quad F_A \quad F_B \quad I_A \quad I_B \quad \Delta\Omega_{AB} \quad \Delta u_{AB}] \qquad (4-40)$$

式中　N_A ——ConA 子星座内卫星数；

　　　P_A ——ConA 子星座轨道面数；

　　　P_B ——ConB 子星座轨道面数；

　　　F_A ——ConA 子星座相位因子；

　　　F_B ——ConB 子星座相位因子；

　　　I_A ——ConA 子星座内卫星轨道倾角；

　　　I_B ——ConB 子星座内卫星轨道倾角；

　　　$\Delta\Omega_{AB}$ ——两子星座基准星相对升交点赤经；

　　　Δu_{AB} ——两子星座基准星相对轨道纬度幅角。

综上，星座设计任务指标中 1）、2）、3）三项指标需求可通过基于 GNSS 掩星大气探测星座设计准则的星座模型内参数预处理来实现，4 - GNSS 掩星大气探测星座优化设计目标函数简化为最小化每日 4 - GNSS 掩星大气探测事件"双栅"均匀度评价指标，如下所示

$$\min f_{DG} = V\sigma(\boldsymbol{N}_{LatW}) + V\sigma(\boldsymbol{N}_{500}) \qquad (4-41)$$

约束条件为

$$g(\boldsymbol{X}): \begin{cases} 1 < N_A < 7 \\ 0 \leqslant F_A \leqslant N_A - 1 \\ 0 \leqslant F_B \leqslant 6 - N_A \\ 72° \leqslant I_A \leqslant 90° \\ 20° \leqslant I_B \leqslant 50° \\ 0 \leqslant \Delta\Omega_{AB} \leqslant 360° \\ 0 \leqslant \Delta u_{AB} \leqslant 360° \end{cases}, N_A, F_A, F_B \in \boldsymbol{Z} \qquad (4-42)$$

4.5.4.2　星座优化

4 - GNSS 掩星大气探测星座优化设计是一个动态混合优化问题。本书对基本蚁群算法做了以下三点改进来加快寻优效率：

1) 引入罚函数概念将任一连续变量 j 变换为 $[0, 1]$ 内的浮点型数据，则连续变量 j 的解空间由 b_j 层节点组成，每层包含 10 个节点，b_j 的大小取决于变量 j 的值域及数据精度需求。同时将 m 个离散变量各置自一层，实现将天然用于离散变量优化的基本蚁群算法改进为混合变量优化算法。设状态空间为 $(l_1, l_2, \cdots, l_{m+\sum b_j})$，则星座参数解为

$$\begin{cases} x_i = l_i, i = 1, \cdots, m \\ x_j = X_{j\min} + \dfrac{X_{j\max} - X_{j\min}}{10 b_j} \sum_{k=3+K-b_j}^{2+K} 10^{2+K-k} l_k, j = 1, 2, \cdots, n; K = \sum_{s=1}^{j} b_s \end{cases}$$

$$(4 - 43)$$

2) 信息素挥发系数 ρ 表示信息素挥发的程度，反映了蚂蚁个体间相互影响的强弱。为了防止信息素的无限累积，ρ 通常取值范围为 $[0, 1]$。为了提高优化算法求解效率，避免陷入局部最优或收敛速度缓慢的困境，对信息挥发系数 ρ 建立约束改进蚁群算法。采用自适应控制策略，建立改进蚁群算法中信息素挥发系数 ρ 函数为

$$\rho(t+1) = \max[\lambda \cdot \rho(t), \rho_{\min}] \qquad (4 - 44)$$

式中　$\rho_{\min}$ ——信息素挥发系数下界；

　　　　t ——迭代次数；

　　　　λ ——挥发约束系数。

其中，通过仿真试验信息素挥发系数对算法性能的影响进行分析，确定 $\rho_{\min}$ 和 λ 的最优选择。

3) 引入按序更新策略进行信息素更新来进一步改进蚁群算法，加速收敛速度。将 t 次迭代所得解排序，使用前 s 个迭代优解更新信息素

$$\tau_{ij}(t+1) = [1 - \rho(t)] \tau_{ij} + \sum_{\omega=1}^{s} \Delta \tau^{\omega}_{ij}(t) \qquad (4 - 45)$$

式中

$$\Delta \tau^{\omega}{}_{ij}(t) = \begin{cases} \dfrac{1}{\omega f(S^{\omega})}, \text{如果第 } \omega \text{ 只蚂蚁经过} \\ 0, \text{其他} \end{cases}$$

表示由第 ω 只最优蚂蚁引起的路径 (i, j) 上的信息素增量，其中 ω 表示解 S^{ω} 在该次迭代解中的排列的序号，$f(S^{\omega})$ 表示第 ω 只最优蚂蚁对应的路径长度，顺序越靠前，所获得的信息素更新量就越大。

基于改进蚁群算法优化星座参数步骤如下：

1）对连续参数离散化，确定混合搜索空间；

2）初始化蚁群规模、最大迭代次数、蚁群位置；

3）每只蚂蚁逐层进行节点选择；

4）蚂蚁直至完成第 $m + \sum b_j$ 层选择，得到状态空间，通过仿真计算目标函数值；

5）评选最优蚂蚁，更新全局信息素；

6）重复步骤1）～5），至目标函数值满足终止条件。

设定蚂蚁数为 20，迭代次数为 1 500。蚁群算法初始参数设置为

$$[\alpha_0 \quad Q \quad \rho_0 \quad \tau_0 \quad \lambda] = [0.3 \quad 0.6 \quad 0.2 \quad 0.01 \quad 0.9]$$

4 - GNSS 掩星大气探测星座优化设计星座构型如图 4 - 17 所示。

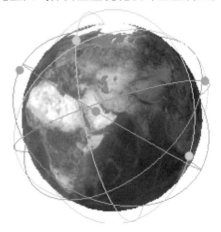

图 4 - 17　4 - GNSS 掩星大气探测星座构型示意图

4 - GNSS 掩星大气探测卫星星座内子星座 ConA 星座构型码为 3/3/1：73.1°，810 km；子星座 ConB 星座构型码为 4/4/0：35.1°，800 km。两子星座基准星间初始时刻升交点赤经差为 41.2°，纬度幅角差为 20.4°。

4.5.5　仿真分析

本小节针对 COSMIC 星座期望构型与 4.5.1 小节中所得 GPS 掩星探测星座设计方案，以及 COSMIC Ⅱ 星座期望构型和 4.5.2 小节、4.5.3 小节、4.5.4 小节中所得三种星座设计方案，对 2016 年 1 月 1 日凌晨至 2016 年 1 月 2 日凌晨之间任意单位时间内各星座 GNSS 掩星大气探测性能进行仿真，并对各星座探测性能进行比对分析。

4.5.5.1　GPS 掩星大气探测星座性能仿真分析

仿真得到本书所提出的 GPS 掩星大气探测星座 Con 与 COSMIC 标称星座探测性能参数对比见表 4 - 5，单位时间为 1 天。

表 4 - 5　GPS 掩星大气探测星座性能仿真结果

星座	掩星数	纬度带覆盖方差	栅格覆盖率	双栅均匀度指标
Con	3 159	4.32×10^3	93.83	172.49
COSMIC	3 116	4.15×10^3	94.27	178.95

Con 与 COSMIC 两星座在探测信源、探测载荷性能以及星座内卫星数量和卫星轨道倾角四个方面保持一致。Con 星座轨道高度比 COSMIC 降低约 40 km，掩星探测数量微增 1%。24 h 内两星座纬度带覆盖方差、栅格覆盖率、双栅均匀度指标都近似相等。特别指出的是，考虑数值天气预报应用中期望探测数据更新周期为 3 h，仿真得出 3 h 内两个星座获取掩星事件分布如图 4 - 18 所示。升交点赤经在 360° 内均匀分布的 Con 星座比在 180° 内均匀分布的 COSMIC 星座在短周期内掩星探测覆盖更均匀，呈现出更为显著的探测性能优势。

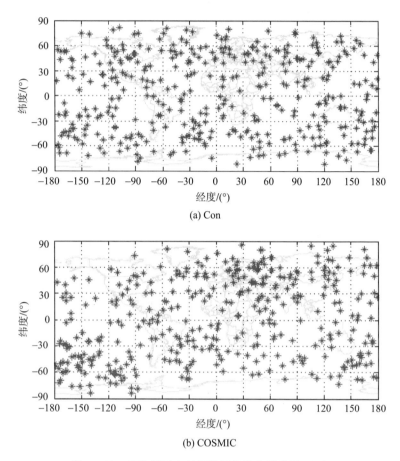

(a) Con

(b) COSMIC

图 4 - 18　GPS掩星大气探测测点分布示意图（3 h）

4.5.5.2　COSMIC Ⅱ星座探测性能仿真分析

COSMIC Ⅱ星座中包含 12 颗 LEO 卫星，星座构型如图 1 - 4 所示。将 GPS ＋ Galileo 信源作为工况 - 1，将 GPS ＋ Galileo ＋ GLONASS 信源作为 COSMIC Ⅱ 的工况 - 2，仿真得到星座探测性能参数见表 4 - 6，3 h 内掩星事件分布如图 4 - 19 所示。

表 4 - 6　COSMIC Ⅱ 掩星大气探测性能仿真结果

工况	单位时间/h	掩星数	纬度带覆盖方差	栅格覆盖率/%	双栅均匀度指标
1	3	1 282	4.05×10^2	71.79	82.12
	12	5 061	5.45×10^3	96.37	64.07
	24	10 258	2.22×10^4	98.93	59.93
2	3	1 788	5.77×10^2	81.52	71.85
	12	7 102	7.35×10^3	97.92	55.12
	24	14 369	3.18×10^4	99.56	53.04

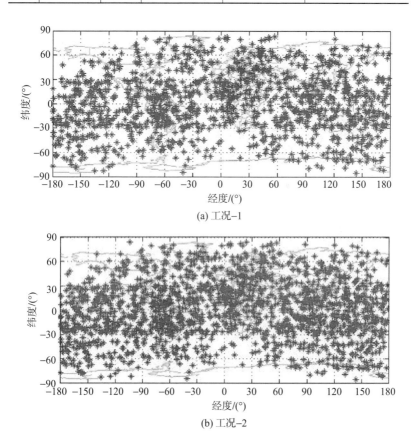

(a) 工况-1

(b) 工况-2

图 4 - 19　COSMIC Ⅱ 掩星测点分布（3 h）

4.5.5.3　BDS 掩星大气探测星座性能仿真分析

BDS 掩星大气探测星座中包含 15 颗 LEO 卫星，星座构型如图 4-15 所示。仿真得到 BDS 掩星大气探测星座探测性能参数见表 4-7，3 h 内掩星事件分布如图 4-20 所示。

表 4-7　BDS 掩星大气探测星座性能仿真结果

单位时间/h	掩星数	纬度带覆盖方差	栅格覆盖率	双栅均匀度指标
3	1 144	3.12×10^2	68.80	80.53
12	4 541	3.73×10^3	96.13	59.96
24	9 094	1.42×10^4	99.32	54.75

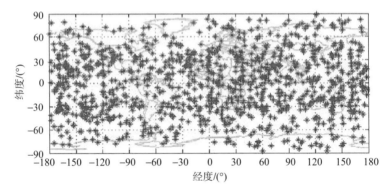

图 4-20　BDS 掩星大气探测测点分布示意图（3 h）

与 COSMIC Ⅱ相比，BDS 掩星大气探测星座增多了 3 颗卫星。与 COSMIC Ⅱ工况-1 相比，掩星数减少了 10%，掩星探测均匀度提高了 8%；与 COSMIC Ⅱ工况-2 相比，掩星数减少了 36%，掩星探测均匀度略微下降了 3% 左右。

4.5.5.4　BDS+GPS 掩星大气探测星座性能仿真分析

BDS+GPS 掩星大气探测星座中包含 13 颗 LEO 卫星，星座构型如图 4-16 所示。仿真得到 BDS+GPS 掩星大气探测星座性能参数见表 4-8，3 h 内掩星事件分布如图 4-21 所示。

表 4 - 8　BDS＋GPS 掩星大气探测星座性能仿真结果

单位时间/h	掩星数	纬度带覆盖方差	栅格覆盖率	双栅均匀度指标
3	1 779	1.48×10^3	79.83	96.00
12	7 229	2.47×10^4	96.57	82.80
24	14 449	9.83×10^4	97.24	79.70

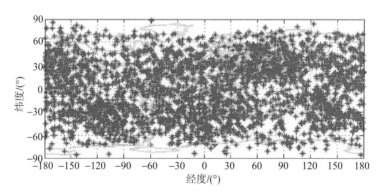

图 4 - 21　BD＋GPS 掩星大气探测测点分布示意图（3 h）

与 COSMIC Ⅱ 相比，BDS＋GPS 掩星大气探测星座增加了 1 颗卫星。与 COSMIC Ⅱ 工况 - 1 相比，掩星数增加了 41％，掩星探测均匀度降低了 28％。与 COSMIC Ⅱ 工况 - 2 相比，掩星数近似相等，掩星探测均匀度略微下降了 49％左右。其中，BDS＋GPS 掩星大气探测星座内两子星座轨道倾角差异较大，同时其子星座内卫星数量差异也较大，导致与 BDS＋GPS 掩星大气探测星座相比 COSMIC Ⅱ 探测均匀性相对较差。当忽略太阳同步轨道子星座卫星数量为 3 的假设时，可通过适度平衡 BDS＋GPS 掩星大气探测星座内两个子星座内卫星数量来提高星座探测均匀度。

4.5.5.5　4 - GNSS 掩星大气探测星座性能仿真分析

4 - GNSS 掩星大气探测星座中包含 7 颗 LEO 卫星，星座构型如图 4 - 17 所示。仿真得到 4 - GNSS 掩星大气探测星座探测性能参数见表 4 - 9，3 h 内掩星事件分布如图 4 - 22 所示。

表 4 - 9　4 - GNSS 掩星大气探测星座探测性能仿真结果

单位时间/h	掩星数	纬度带覆盖方差	栅格覆盖率	双栅均匀度指标
3	1 719	5.52×10^2	79.83	73.93
12	6 919	8.33×10^3	97.53	56.88
24	13 804	3.28×10^4	100	54.27

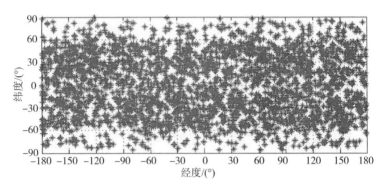

图 4 - 22　4 - GNSS 掩星大气探测测点分布示意图 （3 h）

　　与 COSMIC Ⅱ 相比，4 - GNSS 掩星大气探测星座节约了 5 颗卫星，星座规模仅为 COSMIC Ⅱ 的一半。在探测性能表现方面，与 COSMIC Ⅱ 工况 - 1 相比，4 - GNSS 掩星大气探测星座掩星探测量增加了 37%，掩星探测均匀度提高了 10%；与 COSMIC Ⅱ 工况 - 2 相比，掩星探测量度略微下降 3%，掩星探测均匀略微下降 2%。显然，该 4 - GNSS 掩星大气探测星座比 COSMIC Ⅱ 更具有经济性和应用性。

4.6　本章小结

　　针对 GNSS 掩星大气探测卫星星座参数与探测性能间关系依赖点仿真统计获取的现状，提出将 "星-星-地" GNSS 掩星大气探测几何模型转换为 "星-地" 遥感几何模型的构想，利用理想大气模型下掩星切点与探测卫星星下点地心角阈值建立掩星事件分布包络，并根据该包络特点给出了一种虚拟"星-地"遥感模型，由此将伪随机分布的大气探测问题转换为连续覆盖带对地探测问题，为严格推导计算星座参数对掩星探测性能影响特性建立了理论平台。

基于虚拟"星-地"遥感模型，针对"双栅"均匀度评价指标下星座参数对掩星探测量、掩星探测覆盖域和掩星探测覆盖均匀度影响特性进行了逐一分析和解析推导，并仿真验证了该影响特性分析方法的有效性。分析结果表明，星座内卫星个数是影响掩星探测量的主因；星座内轨道倾角是影响掩星探测覆盖域的主因；星座轨道面数是影响掩星探测覆盖均匀度的主因。

利用星座参数与探测性能间解析关系，得到卫星数量、子星座数量、星座构型、卫星轨道参数等星座参数对 GNSS 掩星大气探测星座探测性能的分析，进而较为系统地提出了一套具有普适性的 GNSS 掩星大气探测星座设计准则，为 GNSS 掩星大气探测星座优化设计奠定了理论基础。

针对我国 GNSS 掩星大气探测星座系统研制优势，提出 BDS、BDS＋GPS 和 BDS＋GPS＋GLONASS＋Galileo 为信源的三种 GNSS 掩星大气探测星座优化设计问题，遵循星座设计准则对星座模型进行了大幅简化，并以"双栅"均匀度评价指标为优化设计目标函数，利用改进智能算法完成了星座参数寻优。仿真结果表明该设计方法有效，星座优化设计结果可为我国 GNSS 掩星大气探测星座的研制组建提供参考。

第5章　GNSS 掩星大气探测星座部署方法与策略

5.1　引言

随着 GNSS 无线电掩星大气探测技术和微小卫星技术的发展，利用微小卫星组建大规模 GNSS 掩星大气探测星座，将在大幅提升 GNSS 掩探测量的同时维持掩星数据产品相对低廉的成本优势，日渐成为相关学科的研究热点[134]，蕴含巨大的科研及应用价值。

由 4.3 节 GNSS 掩星大气探测星座设计研究可知，玫瑰星座构型是 GNSS 掩星大气探测星座可实现探测数据均匀覆盖的最具经济性的子星座构型。微小卫星组建的玫瑰星座可以采用一箭整星座发射形式。然而 COSMIC 星座部署经验显示，采用一箭多星发射星座虽然降低了发射成本，但微小卫星轨道机动能力有限，部署周期较长。在借助卫星自身轨道机动能力和卫星在轨运动特性共同完成星座部署的过程中，存在以下三点隐患：1) 部署过程中卫星部件失效等不确定性风险加大；2) 需分析部署过程中 LEO 卫星的摄动补偿问题，并酌情添置推进剂配重；3) 星座内卫星轨道机动次数多，轨控工作繁杂。这些隐患促使 GNSS 掩星大气探测星座部署需要以周期短、摄动小、轨控少为目标展开研究，使其更具有工程应用价值。

本章针对一箭多星发射的 GNSS 掩星大气探测星座玫瑰构型子星座部署需求，以微小卫星平台为例，基于卫星轨道升交点赤经受轨道摄动力持续漂移特性提出利用上面级设置双停泊轨道的玫瑰星座部署方法。分析测控可见性、入轨精度、卫星推进能力及推力偏差等星座部署影响因子，提出在上述影响因子约束下的 GNSS 掩星

大气探测星座部署单星轨道机动时序规划算法。并且，以构型码为
6/6/4：51°，810 km 的微小卫星星座为例，将给出该星座经由一箭
整星座发射后的相应部署策略。

5.2　问题描述

本章针对 GNSS 掩星大气探测星座部署问题的研究基于以下假
设条件：

1）GNSS 掩星大气探测星座基于玫瑰构型子星座组建；

2）玫瑰构型子星座由 6 颗微小卫星组成，卫星分布于 6 个轨道
面，相邻轨道面标称升交点赤经相差 60°，相邻轨道卫星标称相位相
差 240°，标称轨道高度为 810 km，轨道倾角为 51°；

3）为节约星座成本，玫瑰型子星座采用一箭六星一次发射。一
次发射只能将卫星送入一个轨道面，卫星星箭分离后需要利用自身
推进能力或轨道面进动规律进入预期的异面工作轨道。

5.3　玫瑰星座部署方法

5.3.1　玫瑰星座部署原理

探测星座部署主要利用地球 J_2 项非球形引力引起的轨道面进动
实现星座的异面部署[135]。对于地球卫星轨道，根据式（2-8），J_2
项非球形引力造成的升交点进动速率为

$$\dot{\Omega} = -\frac{3}{2}J_2\sqrt{\frac{\mu}{a^3}}\left(\frac{R_e}{a\left(1-e^2\right)}\right)^2\cos I \qquad (5-1)$$

由式（5-1）可知，在轨道偏心率 e、轨道倾角 I 一定的情况
下，轨道面升交点进动速率随半长轴的变化而变化，即不同卫星之
间轨道高度的差异将引起卫星轨道面升交点漂移速率的差异，利用
这一规律可以实现探测星座的异面部署[137]。卫星工作轨道为高度
810 km、倾角 51°的圆轨道时，不同半长轴的停泊轨道相对目标轨道
的升交点赤经相对漂移速率 $\Delta\dot{\Omega}$ 随半长轴差 Δa 的变化见表 5-1。

表 5 - 1　升交点赤经相对漂移速率

Δa /km	$\Delta\dot{\Omega}$ /[(°)/d]	Δa /km	$\Delta\dot{\Omega}$ /[(°)/d]
-350	-0.810	350	0.650
-300	-0.683	300	0.565
-250	-0.559	250	0.478
-200	-0.440	200	0.388
-150	-0.325	150	0.296
-100	-0.213	100	0.200
-50	-0.105	50	0.102
0	0.000	—	—

　　标称轨道半长轴为 7 188.14 km。根据空间环境分析，探测星座任务寿命期间的预计大气密度平均值为 4.53×10^{-15} kg/m³，卫星面质比约为 0.005，大气阻力摄动下轨道半长轴衰减变化如图 5 - 1 所示。由图 5 - 1 可知，在大气阻力作用下，轨道半长轴平均衰减率约 0.23 m/d。在大气阻力作用下，卫星绝对相位漂移率与时间近似呈线性关系，如图 5 - 2 所示。

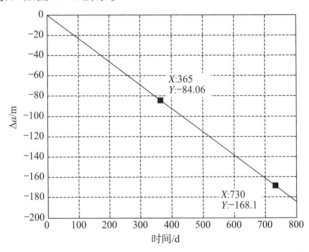

图 5 - 1　大气阻力摄动下轨道半长轴衰减曲线

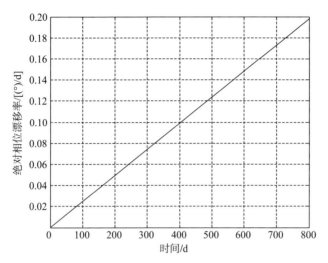

图 5-2　大气阻力摄动下绝对相位漂移率曲线

由此可见，大气阻力摄动造成轨道半长轴衰减。由于各探测星座内各卫星面质比相同，大气阻力摄动造成的轨道半长轴衰减相近，对星座内卫星轨道漂移的影响小。

值得注意的是，由 2.2.3 小节可知，一箭多星发射方式虽然只能将卫星带入同一轨道面，但利用先进的上面级则可将卫星带入到不同高度的轨道上进行分离。根据表 5-1 的分析结果，对于如 COSMIC 采用一箭六星发射的玫瑰型探测星座，若采用如 COSMIC 星座的单停泊轨道部署方案，卫星相对工作轨道同向漂移；若采用高低双停泊轨道，卫星相对工作轨道反向漂移。采用双停泊轨道部署方法可以比单停泊轨道部署方法节省近一半时间。

综上，基于双停泊轨道构想，一箭六星发射示意图如图 5-3 所示。

GNSS 掩星大气探测星座玫瑰构型子星座基本部署过程如下：

1）运载将卫星送入轨道高度低于或高于 810 km 工作轨道的停泊轨道；

2）首先将一颗卫星经轨道机动进入工作轨道，其余卫星停留在停泊轨道；

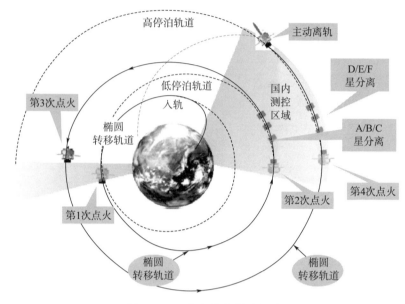

图 5 - 3　一箭六星发射示意图

3）停泊轨道面相对首颗卫星的工作轨道面持续进动；

4）当停泊轨道面进动至与相邻工作轨道面升交点相差约 60°时，第二颗卫星通过轨道机动进入工作轨道，其余卫星通过这种方式依次进入预期工作轨道。

探测星座部署基本原理示意图如图 5 - 4 所示。首先由运载火箭末级通过轨道机动进入轨道高度低于工作轨道的低停泊轨道，释放其中三颗卫星（A、B、C）；此后，上面级通过轨道机动进入高度高于工作轨道的高停泊轨道，释放剩余三颗卫星（D、E、F）；随后，各颗卫星经过进动漂移，按计划依次变轨到工作轨道。

设低停泊轨道半长轴为 a_L（km），高停泊轨道半长轴为 a_H（km），各颗卫星进入停泊轨道后，星座的部署过程如下：

1）由于高、低停泊轨道因轨道半长轴的差异使得轨道升交点赤经产生相对漂移，自入轨 t_D 天后，D 星首先降轨至工作轨道；随后，A 星升轨至工作轨道，届时 A、D 两星轨道升交点赤经相差 60°，A 星相位滞后 D 星 240°。

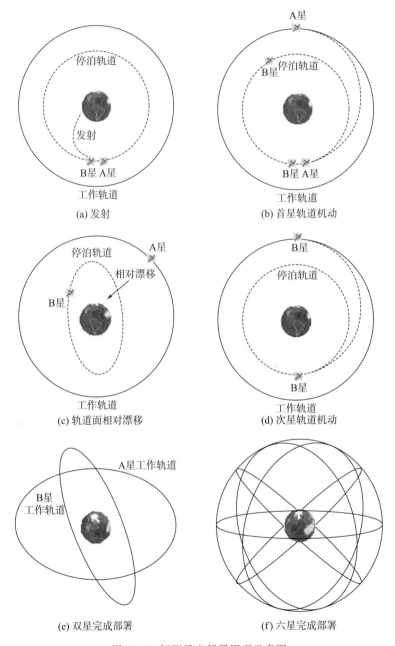

图 5 - 4　探测星座部署原理示意图

2）自 D 星降轨 t_E 天后，E 星降轨至工作轨道，届时 E 星与 D 星升交点赤经相差 60°，且 E 星相位超前 D 星 240°。自 A 星升轨 t_B 天后，B 星升轨至工作轨道，届时 B 星与 A 星升交点赤经相差 60°，且 B 星相位滞后 A 星 240°。

3）自 E 星降轨 t_F 天后，F 星降轨至工作轨道，届时 F 星与 E 星升交点赤经相差 60°，且 F 星相位超前 E 星 240°；自 B 星升轨 t_C 天后，C 星升轨至工作轨道，届时 C 星与 B 星升交点赤经相差 60°，且 C 星相位滞后 B 星 240°。

经过以上部署过程，6 颗卫星轨道面自西向东排序为 C→B→A→D→E→F，整个星座部署时序示意图如图 5-5 所示。

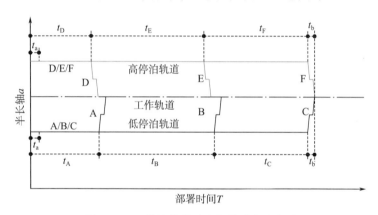

图 5-5　双停泊轨道星座部署时序示意图

5.3.2　停泊轨道设计

探测星座主要利用轨道高度差异引起的轨道进动速率差异实现异面轨道部署。一箭六星发射部署方案采用双停泊轨道，为了便于轨道维持，节省推进剂，标称停泊轨道采用圆轨道，轨道倾角与星座设计标称轨道倾角一致。停泊轨道设计主要是根据部署时间要求、推进剂量约束等条件选择确定高、低停泊轨道半长轴。

根据近地轨道进动规律，不同高度的停泊轨道相对工作轨道的

进动速率差计算公式为

$$\Delta\dot{\Omega} = -\frac{3}{2}J_2\left\{\sqrt{\frac{\mu}{a^3}}\left[\frac{R_e}{a(1-e^2)}\right]^2 - \sqrt{\frac{\mu}{a_0^3}}\left[\frac{R_e}{a_0(1-e_0^2)}\right]^2\right\}\cos I_0$$

$$(5-2)$$

式中，下标为 0 的参数为标称工作轨道参数。

　　不同高度停泊轨道相对于工作轨道的升交点进动速率差曲线如图 5-6 所示。对于 LEO 卫星，相同的轨道高度差下，比工作轨道高的高停泊轨道面进动速率略低于比工作轨道低的低停泊轨道面进动速率。因此，高停泊轨道卫星与低停泊轨道卫星相比，相同的升交点赤经偏移量所需花费的漂移时间略长。

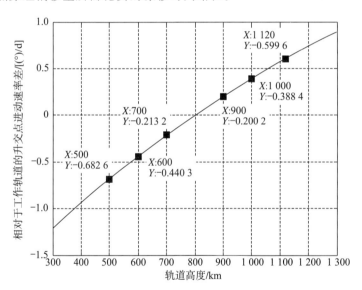

图 5-6　不同轨道高度相对于工作轨道的升交点进动速率差曲线

　　相对工作轨道升交点漂移 60° 所需时间曲线如图 5-7 所示，由图 5-7 可知，高、低停泊轨道相对工作轨道升交点漂移 60° 所需时间曲线具有对称分布的特性，因而，高、低停泊轨道升交点相对漂移 60° 所需时间约为相对工作轨道漂移 60° 所需时间的一半。具体数据见表 5-2。

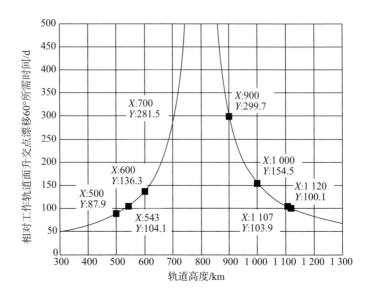

图 5-7　不同高度停泊轨道相对工作轨道升交点漂移 60°所需时间曲线

表 5-2　不同停泊轨道升交点进动速率及变轨所需速度增量

a /km	Δa /km	$\dot{\Omega}$ /[(°)/d]	$\Delta\dot{\Omega}$ /[(°)/d]	ΔV /(m/s)	t /d
450	−350	−5.045 2	−0.810	188.57	74.1
500	−300	−4.918	−0.683	160.76	87.9
550	−250	−4.794 9	−0.559	133.25	107.2
600	−200	−4.675 7	−0.440	106.03	136.3
650	−150	−4.560 3	−0.325	79.10	184.7
700	−100	−4.448 5	−0.213	52.46	281.5
750	−50	−4.340 3	−0.105	26.09	572.0
850	50	−4.133 7	0.102	25.82	590.2
900	100	−4.035 2	0.200	51.37	299.7
950	150	−3.939 6	0.296	76.66	202.9
1 000	200	−3.847	0.388	101.69	154.5
1 050	250	−3.757 1	0.478	126.47	125.5
1 100	300	−3.669 9	0.565	150.99	106.1
1 150	350	−3.585 3	0.650	175.27	92.3

根据一箭六星部署过程可知，A 星与 D 星直接利用高低停泊轨道高度差实现轨道面的相对漂移，而其余 4 颗卫星则是利用停泊轨道与工作轨道之间的高度差实现轨道面的相对漂移，因此，星座总的部署时间约为卫星在停泊轨道相对相邻卫星工作轨道升交点漂移60°所需时间的 2.5 倍。为尽可能缩短星座部署时间，卫星在停泊轨道相对相邻卫星工作轨道升交点漂移 60°所需时间应尽可能小，即要求低停泊轨道高度与高停泊轨道高度差尽可能大。

高停泊轨道高度的选择除了满足尽量拉大升交点相对漂移速率的需求外，还能确保星座内每颗卫星在星座部署过程中消耗推进剂量的一致性，以利于卫星设计。因此，应使高、低停泊轨道变轨至工作轨道所需速度增量保持基本一致。根据霍曼变轨规律，从停泊轨道至工作轨道可以通过两次脉冲速度增量实现，单次速度增量及总速度增量分别为

$$
\begin{cases}
\Delta V_1 = \sqrt{\mu}\left\{\sqrt{2}\left[\sqrt{1/a - 1/(a + a_0)}\,\right] - \sqrt{1/a}\right\} \\
\Delta V_2 = \sqrt{\mu}\left\{\sqrt{1/a_0} - \sqrt{2}\left[\sqrt{1/a_0 - 1/(a + a_0)}\,\right]\right\} \\
\Delta V = \Delta V_1 + \Delta V_2
\end{cases}
\tag{5-3}
$$

式中　a —— 停泊轨道半长轴；

　　　a_0 —— 工作轨道半长轴。

依据上述分析，为避免大气阻力摄动补偿消耗过多的推进剂，选择低停泊轨道高度为 510 km。利用式（5-3）可以计算得到从停泊轨道至工作轨道所需的速度增量，如图 5-8 所示，具体数据如表5-2 所示。从图 5-8 曲线可以看出，510 km 停泊轨道变轨至810 km工作轨道所需速度增量约为 160.8 m/s，对应地，1 130 km高停泊轨道变轨至 810 km 工作所需速度增量约为 160.7 m/s，两者所需速度增量基本一致。1 130 km 轨道高度高于高停泊轨道高度1 107 km下限要求，因此，这里选择高停泊轨道高度为 1 130 km。依据星座部署过程，A/B/C 三星位于 510 km 低停泊轨道，依次升轨进入工作轨道；D/E/F 三星位于 1 130 km 高停泊轨道，依次降轨

进入工作轨道。

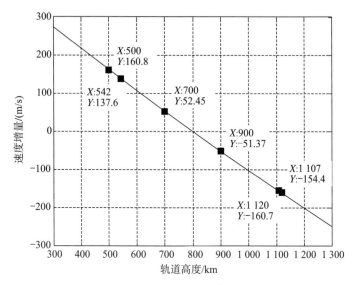

图 5-8　不同轨道高度卫星变轨至工作轨道所需速度增量曲线

卫星两两之间升交点相对漂移速率及漂移时间预算见表 5-3。采用 510 km 低停泊轨道和 1 130 km 高停泊轨道的组合，星座部署时间约为 246.79 天。与 COSMIC 星座部署相比，在相邻轨道面间隔增大一倍的部署需求下部署时长缩减了一半。

表 5-3　星座部署时间预算表

序号	卫星编号	$\Delta\dot{\Omega}/[(°)/d]$	t/d
1	A-D	1.28	46.79
2	B-A / D-E	0.68 / 0.60	87.90 / 100
3	C-B / E-F	0.68 / 0.60	87.90 / 100

5.3.3　星座部署次序规划

由图 5-5 和表 5-2 可知，A 星的升交点进动速率大于 D 星，因此，适当提前 D 星变轨进入工作轨道的时间，可以进一步优化总的部署时间。为避免出现两颗卫星同一时期进行轨道机动，增加隔离时间 Δt 。调整后各卫星的变轨时机如图 5-9 所示。

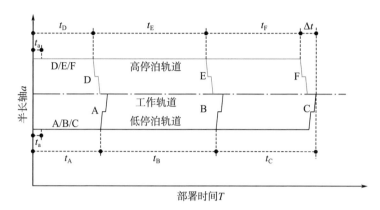

图 5-9　部署时机示意图

假设不考虑初始入轨时间差异及升降轨所需时间，根据图 5-9 所示的星座部署时序示意图，低停泊轨道卫星全部完成升轨部署所需时间为

$$t_L = t_A + t_B + t_C \tag{5-4}$$

高停泊轨道卫星全部完成降轨部署所需时间为

$$t_H = t_D + t_E + t_F + \Delta t \tag{5-5}$$

卫星轨道运行时间与相对升交点赤经存在以下关系式

$$\begin{cases} (\dot{\Omega}_o - \dot{\Omega}_A) t_A + (\dot{\Omega}_D - \dot{\Omega}_o) t_D + \Delta\Omega_{AD} = \pi/3 \\ (\dot{\Omega}_o - \dot{\Omega}_B) t_B = \pi/3 \\ (\dot{\Omega}_o - \dot{\Omega}_C) t_C = \pi/3 \\ (\dot{\Omega}_E - \dot{\Omega}_o) t_E = \pi/3 \\ (\dot{\Omega}_F - \dot{\Omega}_o) t_F = \pi/3 \end{cases} \tag{5-6}$$

式中　$\dot{\Omega}_o$——810 km 标称工作轨道升交点进动速率；

$\Delta\Omega_{AD}$——初始时刻 A 星相对 D 星的升交点赤经差。

星座总部署时间为

$$T = \max(t_L, t_H) \qquad (5-7)$$

考虑实际物理意义，总部署时间 T 存在最小值。当 $t_L > t_H$ 时，$T = t_L$，根据式（5-6），此时通过增大 t_D 来减小 t_A，从而减小 t_L，因而，当 $t_L > t_H$ 时，$T = t_L$ 非最小值。同理，当 $t_H > t_L$ 时，$T = t_H$，根据式（5-6），此时通过增大 t_A 来减小 t_D，从而减小 t_H，因而，当 $t_H > t_L$ 时，$T = t_H$ 非最小值。利用排除法，总部署时间 T 取得最小值的条件为

$$t_L = t_H \qquad (5-8)$$

由式（5-6）和式（5-8）解得使部署时间 T 取得最小值的 t_A 为

$$t_A = \frac{\pi(\dot{\Omega}_D - \dot{\Omega}_o)}{3(\dot{\Omega}_D - \dot{\Omega}_A)}\left(\frac{1}{\dot{\Omega}_D - \dot{\Omega}_o} + \frac{1}{\dot{\Omega}_E - \dot{\Omega}_o} + \frac{1}{\dot{\Omega}_F - \dot{\Omega}_o} + \frac{1}{\dot{\Omega}_B - \dot{\Omega}_o} + \right.$$
$$\left. \frac{1}{\dot{\Omega}_C - \dot{\Omega}_o} + \frac{3}{\pi}\Delta t\right) - \frac{\Delta\Omega_{AD}}{\dot{\Omega}_D - \dot{\Omega}_A}$$

$$(5-9)$$

将 t_A 代入式（5-6），求得 t_D 为

$$t_D = \frac{\pi(\dot{\Omega}_A - \dot{\Omega}_o)}{3(\dot{\Omega}_D - \dot{\Omega}_A)}\left(\frac{1}{\dot{\Omega}_A - \dot{\Omega}_o} + \frac{1}{\dot{\Omega}_E - \dot{\Omega}_o} + \frac{1}{\dot{\Omega}_F - \dot{\Omega}_o} + \frac{1}{\dot{\Omega}_B - \dot{\Omega}_o} + \right.$$
$$\left. \frac{1}{\dot{\Omega}_C - \dot{\Omega}_o} + \frac{3}{\pi}\Delta t\right) - \frac{\Delta\Omega_{AD}}{\dot{\Omega}_D - \dot{\Omega}_A}$$

$$(5-10)$$

在各星停泊轨道参数为标称值的情况下，式（5-9）简化为

$$t_A = \frac{\pi(\dot{\Omega}_H - \dot{\Omega}_o)}{3(\dot{\Omega}_H - \dot{\Omega}_L)}\left(\frac{3}{\dot{\Omega}_H - \dot{\Omega}_o} + \frac{2}{\dot{\Omega}_L - \dot{\Omega}_o} + \frac{3}{\pi}\Delta t\right) \quad (5-11)$$

式（5-10）简化为

$$t_D = \frac{\pi(\dot{\Omega}_L - \dot{\Omega}_o)}{3(\dot{\Omega}_H - \dot{\Omega}_L)}\left(\frac{3}{\dot{\Omega}_L - \dot{\Omega}_o} + \frac{2}{\dot{\Omega}_H - \dot{\Omega}_o} + \frac{3}{\pi}\Delta t\right) \quad (5-12)$$

对于 510 km、1 130 km 停泊轨道和 810 km 工作轨道，升交点

进动速率分别为

$$\begin{cases} \dot{\Omega}_L = -4.917\ 9\ (°)/d \\ \dot{\Omega}_H = -3.635\ 8\ (°)/d \\ \dot{\Omega}_o = -4.235\ 4\ (°)/d \end{cases} \quad (5-13)$$

单星部署轨道机动时间要求为 10 天，这里取隔离时间 $\Delta t = 10$ 天 。这里将上述数据代入式（5-11）、式（5-12）可得

$$\begin{cases} t_A = 62.84\ d \\ t_B = t_C = 87.91\ d \\ t_D = 28.53\ d \\ t_E = t_F = 100.07\ d \end{cases} \quad (5-14)$$

原有理论部署时间为 247 天，根据上述计算结果，优化后的理论部署时间约为 239 天，如图 5-10 所示。考虑到从停泊轨道至工作轨道的轨道机动部署时间指标要求在 10 天以内，因而，预计星座部署时间在 249 天以内。

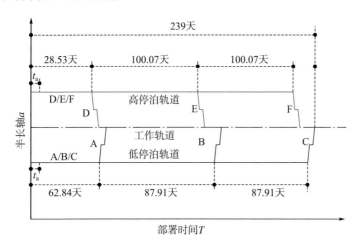

图 5-10　理论优化部署时间示意图

5.4　玫瑰星座部署策略设计

5.4.1　星座部署影响因素分析

GNSS 掩星大气探测星座由 LEO 卫星组成，星座部署的可执行性主要受地面站测控可见性、入轨偏差、单星推进性能和推力偏差影响。本节针对上述四项影响星座部署的主要因子，对 GNSS 掩星大气探测星座部署及单星轨道机动规划的影响因素一一进行分析。

5.4.1.1　测控可见性约束

探测星座地面测控站以佳木斯、喀什、渭南、三亚为主，各站参数见表 5-4。不同轨道一天时间内各站测控可见弧段及联合测控可见弧段如图 5-11 所示。

表 5-4　测控站参数

测控站	经度/(°)	纬度/(°)	最小仰角/(°)
佳木斯	130.22	46.47	5
喀什	76.00	39.48	5
渭南	109.50	34.50	5
三亚	109.31	18.14	5

当卫星在 510 km 停泊轨道、810 km 工作轨道，以及 1 130 km 停泊轨道运行过程中，每天四站联合测控可见次数至少为 8 次，510 km 停泊轨道最长不可见时间约为 12 h，810 km 工作轨道最长不可见时间约为 11 h，1 130 km 停泊轨道最长不可见时间约为 10 h，具体数据统计见表 5-5。

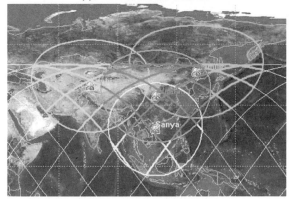

(a) 510 km停泊轨道可见弧段

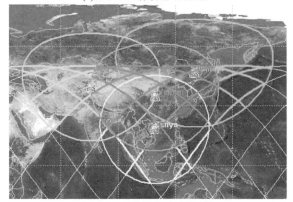

(b) 810 km工作轨道可见弧段

(c) 1 130 km停泊轨道可见弧段

图 5 - 11　一天内测控可见弧段

表 5 - 5　测控可见性数据统计表

项目	510 km	810 km	1 130 km
最少一天联合测控可见次数/次	8	8	8
最多一天联合测控可见次数/次	14	12	11
平均单次联合测控可见时间/min	13.4	19.5	23.9
最长不可见时间/h	12.0	11.0	9.9

同轨道一年时间内每天联合测控可见次数曲线如图 5 - 12 所示，一天时间内测控可见时间段示意图如图 5 - 13 所示。

测控可见性分析结果表明，GNSS掩星大气探测星座内卫星在卫星轨道机动期间每天连续可见 6 次以上、最长不可见时间小于 15 h，满足常规测控可见性要求。

5.4.1.2　入轨精度影响分析

运载火箭带来的卫星入轨精度主要包括半长轴偏差、轨道倾角偏差和轨道偏心率偏差。其中，轨道半长轴偏差会影响轨道平均角速度及升交点漂移速率，而轨道倾角偏差和轨道偏心率偏差主要影响升交点漂移速率。轨道半长轴偏差造成的轨道平均角速度偏差，会导致卫星实际相位与标称值出现差异，但卫星从停泊轨道机动至工作轨道的过程中，可以进行调相，从而消除相位偏差。

轨道半长轴、轨道倾角和轨道偏心率的偏差造成升交点漂移速率出现偏差，可能影响星座部署时间。根据式（5 - 1），升交点漂移速率大小随半长轴的减小而增大，随偏心率的增大而增大，随轨道倾角的减小而增大。

由上述分析可知，（$\Delta a = -5$ km，$\Delta e = 0.003$，$\Delta I = -0.05°$）与（$\Delta a = +5$ km，$\Delta e = 0.000$，$\Delta I = +0.05°$）两种偏差组合情况下，相邻两颗卫星之间的升交点漂移速率偏差为最大值，此时对部署时间影响也最大。经过计算，入轨偏差可能造成 510 km 停泊轨道相对 810 km 工作轨道升交点漂移 60°所需时间增加 4.3 天，1 130 km 停泊轨道相对 810 km 工作轨道升交点漂移 60°所需时间增

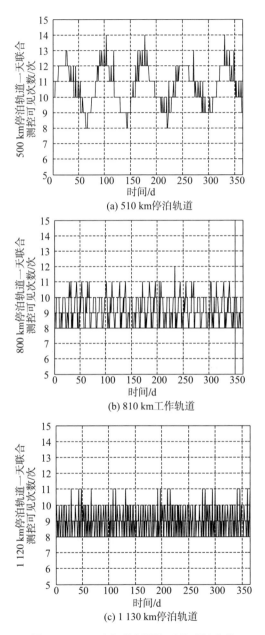

(a) 510 km停泊轨道

(b) 810 km工作轨道

(c) 1 130 km停泊轨道

图 5 - 12　一天内联合测控可见时间曲线

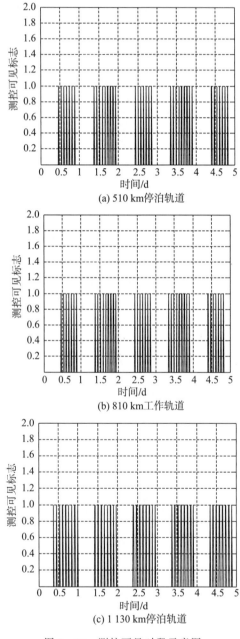

图 5-13　测控可见时段示意图

加约 4.7 天，510 km 停泊轨道相对 1 130 km 停泊轨道升交点漂移 60°所需时间增加约 1.1 天。上述结果结果表明，入轨偏差可能造成星座部署时间增加，但在入轨精度范围内星座部署时间增加量不大于 11 天，总部署时间仍可控制在 260 天以内，仍然满足部署时间指标要求。

综上所述，在入轨精度范围内，入轨偏差对星座部署过程的影响在允许指标范围内。

5.4.1.3　卫星推进能力约束

探测卫星整星发射质量不超过 150 kg，标称轨控推力为 2 N，单次轨控推进工作时间不得大于 1 200 s。以 1 200 s 推进时长计算，单次变轨所能提供的速度增量保守估计约为 16 m/s，实施一次霍曼机动所能提供速度增量约为 32 m/s。在 510 km 圆轨道实施变轨，一次霍曼机动 32 m/s 速度增量可将轨道半长轴提高约 58 km；在 810 km 圆轨道实施变轨，一次霍曼机动 32 m/s 速度增量可将轨道半长轴提高约 62 km；在 1 130 km 圆轨道实施变轨，一次霍曼机动 32 m/s 速度增量可将轨道半长轴降低约 65 km。一次霍曼变轨所能产生半长轴增量统计见表 5-6。

表 5-6　轨道半长轴增量极值 ($\Delta V = 32$ m/s)

轨道高度/km	霍曼机动半长轴增量/km
510	58
810	62
1 130	65

考虑卫星需在 10 天时间内完成升轨或降轨的指标要求，对于 510 km 停泊轨道的卫星，其轨道高度与 810 km 工作轨道相差 300 km，10 天时间内完成升轨则平均每天至少需要升轨 30 km。对于 1 130 km 停泊轨道的卫星，其轨道高度与 810 km 工作轨道相差 320 km，10 天时间内完成降轨则平均每天至少需要降轨 32 km。根据表 5-6 中数据，卫星在轨控工作时长约束条件下，实施一次霍曼

机动可以满足每天最低升降轨需求。

此外，卫星每天最多进行 4 次变轨，即每天最多实施 2 次霍曼机动。根据表 5 - 6 的数据，低停泊轨道卫星一天最大升轨高度约为 116 km，完成升轨至少需要 3 天；高停泊轨道卫星一天最大降轨高度约为 130 km，完成降轨至少需要 3 天。

卫星轨控推力器只能提供有限推力，需通过一定长度的轨控弧段提供所需速度增量，轨控弧段内采用不同姿态模式存在不同的速度增量损失。以整星质量 150 km，32 m/s 速度增量计算，推力器工作时长约为 1 195 s，不同轨控姿态模式下的速度损失统计见表 5 - 7。

表 5 - 7　不同轨控姿态模式下速度损失统计

		低停泊轨道升轨	高停泊轨道降轨
速度增量/(m/s)		32	−32
预计半长轴增量/km		58.09	−65.06
半长轴偏差/km	对速度定向	−1.28	0.89
	三轴对地稳定	−1.28	0.89
	对惯性空间定向	−15.98	7.61
速度损失百分比	对速度定向	2.2 %	1.37 %
	三轴对地稳定	2.2 %	1.37 %
	对惯性空间定向	27.51 %	11.70%

在低停泊轨道实施一次 32 m/s 的霍曼升轨机动，相应的轨道半长轴变化曲线如图 5 - 14（a）所示。在高停泊轨道实施一次 32 m/s 的霍曼降轨机动，相应的轨道半长轴变化曲线如图 5 - 14（b）所示。

分析结果表明，由于采用近圆停泊轨道，轨控期间采用对地三轴稳定姿态控制方式，速度损失基本与对速度定向模式一致，不考虑姿态偏差，速度损失在 2.3% 以内。因此，轨控期间卫星可以采用易实现的对地三轴稳定姿态控制方式。

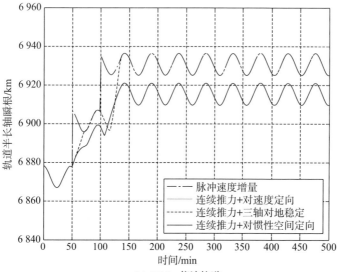

(a) 510 km 停泊轨道

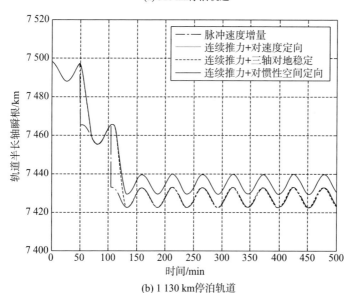

(b) 1 130 km 停泊轨道

图 5-14　停泊轨道卫星变轨轨道半长轴变化曲线（$\Delta V = 32$ m/s）

5.4.1.4　推力偏差影响性分析

探测卫星采用近圆轨道，轨道偏心率在 10^{-3} 量级以内，这里以圆轨道为基准轨道分析推力偏差造成的影响，圆轨道高斯型轨道摄动方程为

$$\begin{cases} \dot{a} = \dfrac{2}{n} \cdot T \\[2mm] \dot{I} = \dfrac{\cos u}{na} \cdot W \\[2mm] \dot{\Omega} = \dfrac{\sin u}{na \sin I} \cdot W \\[2mm] \dot{e}_x = \dfrac{1}{na}(\sin u \cdot R + 2\cos u \cdot T) \\[2mm] \dot{e}_y = \dfrac{1}{na}(-\cos u \cdot R + 2\sin u \cdot T) \end{cases} \tag{5-15}$$

式中　R, T, W ——径向、切向和法向加速度。

采用脉冲推力近似，式（5-15）可表示为

$$\begin{cases} \Delta a = \dfrac{2}{n} \cdot V_T \\[2mm] \Delta I = \dfrac{\cos u}{na} \cdot V_W \\[2mm] \Delta \Omega = \dfrac{\sin u}{na \sin I} \cdot V_W \\[2mm] \Delta e_x = \dfrac{1}{na}(\sin u \cdot V_R + 2\cos u \cdot V_T) \\[2mm] \Delta e_y = \dfrac{1}{na}(-\cos u \cdot V_R + 2\sin u \cdot V_T) \end{cases} \tag{5-16}$$

式中　V_R ——径向速度增量；

　　　V_T ——切向速度增量；

　　　V_W ——法向速度增量。

由式（5-16）可知，半长轴摄动只与切向速度增量有关。轨道倾角摄动与法向速度增量、纬度幅角有关，在法向速度增量一定的

情况下，纬度幅角为 $0°$ 或 $180°$ 时，轨道倾角摄动最大。升交点赤经摄动与法向速度增量、纬度幅角有关，在法向速度增量一定的情况下，纬度幅角为 $90°$ 或 $270°$ 时，升交点赤经摄动最大。偏心率摄动与径向速度增量、切向速度增量有关，其大小如下

$$\Delta e = \frac{1}{na} \sqrt{V_R^2 + 4V_T^2} \qquad (5-17)$$

基于微小卫星平台探测卫星推力偏差见表 5-8。轨控标称推力为 2 N，实际推力大小偏差在 5% 以内，推力器推力方向偏差为 $1°$，轨控期间三轴姿态控制精度在 $5°$ 以内，综合可知轨控期间推力方向最大偏差可达到 $6°$。

表 5-8　推力偏差数据统计表

项目	数值
推力器最长工作时间	1 200 s
最大推力大小偏差	0.1 N
最大推力方向偏差	$6°$
切向推力偏差极值	-0.11 N、0.10 N
径向推力偏差极值	± 0.22 N
法向推力偏差极值	± 0.22 N
切向速度增量偏差百分比	-5.5%、5.0%
径向速度增量偏差百分比	11.0%
法向速度增量偏差百分比	11.0%

以标称切向速度增量约为 16 m/s 计算，考虑推力大小与方向偏差，切向速度增量偏差最大约为 0.88 m/s，径向与法向速度增量最大偏差约为 1.76 m/s。依据上述摄动方程，计算推力偏差造成的轨道参数偏差分别如图 5-15 所示。由图可知，单次变轨期间，推力偏差可能造成公里级的半长轴偏差，对升交点赤经的影响极限偏差小于 $0.02°$，对偏心率升的影响极限偏差在 10^{-4} 量级，对轨道倾角的影响极限偏差达到 $0.014°$。

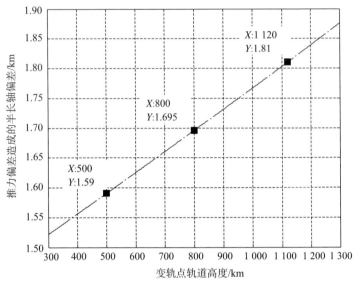

(a) 半长轴偏差曲线

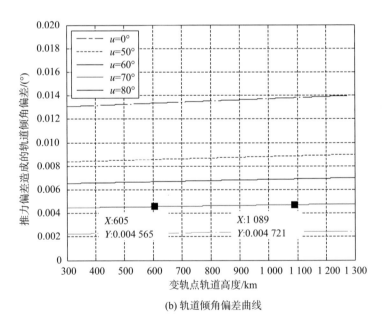

(b) 轨道倾角偏差曲线

图 5 - 15　推力偏差造成的轨道根数偏差曲线 （$\Delta V = 16$ m/s）

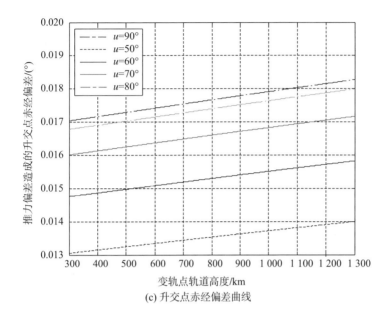

(c) 升交点赤经偏差曲线

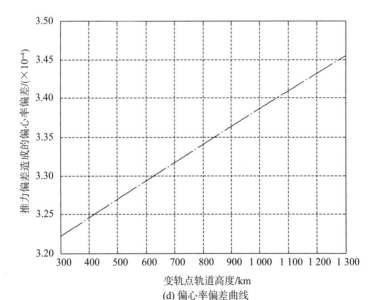

(d) 偏心率偏差曲线

图 5-15　推力偏差造成的轨道根数偏差曲线（$\Delta V = 16$ m/s）（续）

考虑到相对升交点赤经保持依靠轨道倾角初值控制来实现,由此需采取措施尽量避免推力偏差对轨道倾角的影响。由图 5 - 15 (b)可知,通过改变变轨点纬度幅角可以有效减小推力偏差对轨道倾角的影响。当变轨点纬度幅角在 90°±20°、270°±20°范围内时,单次变轨推力偏差造成轨道倾角偏差小于 0.004 8°。而从停泊轨道至工作轨道的总速度增量约为 161 m/s,此时可以保证完成部署时轨道倾角累积偏差极限值仍然在 0.05°范围内。基于上述分析,为了有效控制推力偏差对轨道倾角的影响,卫星轨控弧段中点纬度要求保持在 90°±20°、270°±20°范围内。

5.4.2　单星部署轨道机动时序规划

5.4.2.1　规划策略设计原则

根据星座部署指标要求与约束条件,单星部署轨道机动规划遵循以下原则:

1) 基于霍曼变轨原理进行设计,优化推进剂消耗;

2) 以星座总部署时间最短为目标;

3) 满足 10 天时间从停泊轨道至工作轨道的部署时间要求;

4) 卫星相对相位及相对升交点赤经满足要求;

5) 允许故障延迟 24 h;

6) 尽量在测控弧段所在轨道圈进行变轨。

5.4.2.2　基准星部署轨道机动规划

根据星座部署次序优化结果,位于 1 130 km 高停泊轨道的 D 星首先进行轨道机动进入 810 km 工作轨道,因此 D 星为基准星。

基准星部署轨道机动规划以星座总部署时间最优为目标,同时综合考虑部署机动时间、推进、测控等条件约束,权衡确定基准星降轨时机及降轨高度。

根据星座部署次序规划,不考虑降轨过程的基准星最佳降轨时机为

$$t_{\text{Dopt}} = \frac{\pi(\dot{\Omega}_A - \dot{\Omega}_o)}{3(\dot{\Omega}_D - \dot{\Omega}_A)}\left(\frac{1}{\dot{\Omega}_A - \dot{\Omega}_o} + \frac{1}{\dot{\Omega}_E - \dot{\Omega}_o} + \frac{1}{\dot{\Omega}_F - \dot{\Omega}_o} + \frac{1}{\dot{\Omega}_B - \dot{\Omega}_o} + \right.$$

$$\left. \frac{1}{\dot{\Omega}_C - \dot{\Omega}_o} + \frac{3}{\pi}\Delta t\right) - \frac{\Delta\Omega_{AD}}{\dot{\Omega}_D - \dot{\Omega}_A}$$

$$(5-18)$$

考虑工程实施约束，基准星的降轨过程尽量保证在测控圈内，以便对卫星状态进行监控，为此，这里选择 t_{Dopt} 当天第 2 测控圈作为基准星首次降轨时机。

基准星从高停泊轨道至工作轨道的机动部署时间约束为 10 天，期间降轨高度达到 320 km。为了保证轨道倾角、半长轴的初轨修正精度要求，这里至少预留 3 天时间进行轨道精调。根据推进约束条件分析，高停泊轨道卫星一天可实施 2 次霍曼变轨，一次霍曼变轨降轨高度至少为 62 km。由于基准星的部署主要以总部署时间最优为原则，对星间相对相位并无要求，因而，这里尽量简化每天的轨道机动操作，增强工程可实施性。

基于上述考虑，基准星采用每天在测控圈实施 1 次霍曼变轨、每天降轨约 53.3 km 的轨道机动策略，基准星 6 天基本完成 320 km 左右的降轨机动。考虑到轨控推力极限偏差约为 5%，目标降轨 53.3 km，实际轨道机动结果的极限偏差在 ±2.8 km 以内，为了避免轨道半长轴超调，即低于 7 188.14 km，为此将第 6 天轨道机动的目标轨道高度相对于工作轨道正偏置约 2.86 km，即目标半长轴为 7 191 km。基准星降轨期间各轨道段特性见表 5-9。完成第 6 天变轨后，基准星轨道高度在 810~815.7 km 之间。第 7 天，根据轨道倾角偏差情况，实施轨道倾角调整，将轨道倾角控制在 51°±0.01° 范围内。第 8~9 天，根据轨道半长轴偏差情况，实施 1~2 次轨道半长轴精调，将轨道半长轴控制在标称值的 ±100 m 范围内。

表 5 - 9　基准星降轨期间各轨道段特性

轨道段	轨道 高度/km	轨道 半长轴/km	轨道 周期/min	轨道角速率/ [(°)/h]	升交点 进动速率/ [(°)/d]	相对工作轨道 升交点进动速率/ [(°)/d]
高停泊轨道	1 130.00	7 508.14	107.69	200.57	−3.64	0.60
过渡圆轨道 1	1 076.67	7 454.81	106.55	202.73	−3.73	0.51
过渡圆轨道 2	1 023.33	7 401.47	105.40	204.93	−3.82	0.41
过渡圆轨道 3	970.00	7 348.14	104.27	207.16	−3.92	0.31
过渡圆轨道 4	916.67	7 294.81	103.13	209.44	−4.02	0.21
过渡圆轨道 5	863.33	7 241.47	102.00	211.76	−4.13	0.11
过渡圆轨道 6	812.86	7 191.00	100.93	214.00	−4.23	0.01
工作轨道	810.00	7 188.14	100.87	214.13	−4.24	0.00

　　根据测控可见性分析，当前测控站配置可以保证每天至少存在 8 个连续的测控弧段。根据基准星降轨过程规划，每天只进行一次霍曼机动，包含 2 次变轨。据此，基准星降轨部署期前 6 天基本操作流程规划如下。

　　1）第 1 测控圈上注轨控指令。

　　2）第 2 测控圈实施 2 次变轨，完成霍曼转移。

　　3）第 3~5 测控圈完成测定轨。

　　4）第 7 天基本操作流程规划如下：

　　a. 第 1 测控圈上注轨道倾角调整轨控指令；

　　b. 第 2~5 测控圈实施轨道倾角调整；

　　c. 第 6~8 测控圈完成测定轨。

　　5）第 8 天基本操作流程规划如下：

　　a. 第 1 测控圈上注轨道半长轴调整轨控指令；

　　b. 第 2 测控圈实施半长轴精调；

　　c. 第 3~5 测控圈完成测定轨。

　　基准星标称轨道机动部署具体流程见表 5 - 10。基准星轨道机动目标轨道及所需速度增量见表 5 - 11。

表 5-10 基准星标称轨道机动时序规划表

时间	测控圈	操作内容	备注
第 1~5 天	第 1 圈	上注当天轨控指令	
	第 2 圈	实施一次霍曼变轨，降轨约 53.3 km，变轨弧段中点纬度幅角在 90°±20°、270°±20°范围内	
	第 3~5 圈	在测控弧段内测定轨	
第 6 天	第 1 圈	上注当天轨控指令	
	第 2 圈	实施一次霍曼变轨，目标轨道半长轴为 7 191.00 km，降轨约 50.44 km，变轨弧段中点纬度幅角在 90°±20°、270°±20°范围内	
	第 3~5 圈	在测控弧段内测定轨	
第 7 天	第 1 圈	上注当天轨道倾角调整轨控指令	
	第 2~5 圈	择机在以升交点、降交点为中心的弧段，沿轨道面法向施加速度增量	
	第 6~8 圈	在测控弧段内测定轨	
第 8 天	第 1 圈	上注当天半长轴精调指令	
	第 2 圈	实施一次单脉冲变轨	
	第 3~5 圈	在测控弧段内测定轨	
	第 6 圈	上注当天半长轴精调指令	根据第 2 圈精调结果实施
	第 7 圈	实施一次单脉冲变轨	
第 9~10 天	第 1~8 圈	作为轨道精调备选时机，确认轨道参数	

表 5-11 基准星轨道机动目标轨道及所需速度增量统计

轨道段	目标轨道高度/ km	目标轨道半长轴/ km	速度增量/(m/s)		
			ΔV_1	ΔV_2	ΔV
高停泊轨道	1 130.00	7 508.14	—	—	—
过渡圆轨道 1	1 076.67	7 454.81	−13.02	−13.05	−26.07
过渡圆轨道 2	1 023.33	7 401.47	−13.16	−13.19	−26.35
过渡圆轨道 3	970.00	7 348.14	−13.31	−13.33	−26.64
过渡圆轨道 4	916.67	7 294.81	−13.45	−13.48	−26.93

续表

轨道段	目标轨道高度/km	目标轨道半长轴/km	速度增量/(m/s)		
			ΔV_1	ΔV_2	ΔV
过渡圆轨道 5	863.33	7 241.47	−13.60	−13.63	−27.23
过渡圆轨道 6	812.86	7 191.00	−13.01	−13.03	−26.05
工作轨道	810.00	7 188.14	−0.74	−0.74	−1.48

卫星只能提供有限推力，需在轨推进一段时间才能获得所需的速度增量。根据变轨速度增量需求以及推力大小，可以确定推力器工作时长 Δt 。按脉冲变轨策略设计的变轨时机为 t ，则推力器工作的起始时刻为 $t - \Delta t/2$ ，结束时刻为 $t + \Delta t/2$ 。

5.4.2.3　非基准星部署轨道机动规划

基准星 D 星进入 810 km 工作轨道后，后续 A/E/B/F/C 五颗卫星依次通过轨道机动进入 810 km 工作轨道。为了尽量保证卫星故障延迟条件下，完成部署时相位偏差尽可能小，非基准星机动部署的目标相位在标称相位的基础上，根据允许相位偏差范围进行偏置。低停泊轨道卫星因故障延迟将造成相位超前，因此，其部署目标相位采用滞后偏置。高停泊轨道卫星因故障延迟将造成相位滞后，因此，其部署目标相位采用超前偏置。各颗非基准星完成部署时相对基准星的标称轨道参数及允许偏差范围见表 5-12。

根据推进能力约束分析结果，低停泊轨道卫星进行一次霍曼变轨，轨道半长轴最大调整量随高度不同而存在差异，其范围在 58~62 km 之间；高停泊轨道卫星进行一次霍曼变轨，轨道半长轴最大调整量在 62~65 km 之间。为了尽量减小卫星故障延迟 24 h 对部署精度的影响，卫星每天轨道机动高度应尽可能小。但考虑到部署时间限制，结合卫星相对相位允许偏差为 49°，这里选择每天最大轨道机动 50~60 km 之间。因此，非基准星每天进行一次霍曼变轨，7 天时间内可以基本完成从停泊轨道至工作轨道的机动部署过程，剩余 3 天时间进行轨道倾角及轨道半长轴的精调。

非基准星部署轨道机动规划过程如下：

1）以相对相位、相对升交点赤经为优化目标，确定首次机动日期；

2）在首次机动日期后续 7 天时间内，正常情况下每天实施 1 次霍曼机动，机动时机根据测控可见时间段和变轨点纬度幅角约束进行选择，要求变轨弧段中点纬度幅角位于 $90° \pm 20°$、$270° \pm 20°$ 范围内；

3）在选定当天轨道机动时机的基础上，以相对相位、相对升交点赤经为优化目标，规划确定当天轨道半长轴控制量。

表 5 - 12　非基准星完成部署时相对基准星的轨道参数

部署次序	卫星代号	目标半长轴/km	允许半长轴部署偏差范围/m	标称相位/(°)	允许相位偏差范围/(°)	目标相位	相对升交点赤经标称值/(°)	允许升交点赤经偏差范围/(°)
1	D	a_{ref}	—	u_{ref}		—	0	
2	A	a_{ref}	$-100 \sim 0$	$u_{ref} - 240$		$u_{ref} - 215$	-60	
3	E	a_{ref}	$0 \sim 100$	$u_{ref} + 240$	± 25	$u_{ref} + 265$	$+60$	± 0.5
4	B	a_{ref}	$-100 \sim 0$	$u_{ref} - 120$		$u_{ref} - 95$	-120	
5	F	a_{ref}	$0 \sim 100$	$u_{ref} + 120$		$u_{ref} + 145$	$+120$	
6	C	a_{ref}	$-100 \sim 0$	u_{ref}		$u_{ref} - 25$	-180	

为了便于对卫星变轨过程进行监控，轨道机动时序规划保证变轨时机在测控圈内。根据卫星测控可见性分析结果，卫星每天至少存在 8 圈测控可见，这里选择在这 8 个测控圈内进行轨道机动操作。

1）前 7 天基本操作流程如下：

a. 第 1 测控圈上注轨控指令；

b. 第 2～5 测控圈进行一次霍曼变轨，以第 2 测控圈为标称时机；

c. 第 6～8 测控圈完成测定轨。

2）第 8 天基本操作流程规划如下：

a. 第 1 测控圈上注轨道倾角调整轨控指令；

b. 第2～5测控圈实施轨道倾角调整；

c. 第6～8测控圈完成测定轨。

3）第9天基本操作流程规划如下：

a. 第1测控圈上注轨道半长轴调整轨控指令；

b. 第2测控圈实施半长轴精调；

c. 第3～5测控圈完成测定轨。

非基准星标称轨道机动部署具体流程见表5-13。

表5-13　非基准星标称轨道机动时序规划表

时间	测控圈	操作内容	备注
第1～7天	第1圈	上注当天轨控指令	
	第2～5圈	实施一次霍曼变轨，轨控量最大约为50 km，变轨弧段中点纬度幅角在90°±20°、270°±20°范围内	
	第6～8圈	在测控弧段内测定轨	
第8天	第1圈	上注当天轨道倾角调整轨控指令	
	第2～5圈	择机在以升交点、降交点为中心的弧段，沿轨道面法向施加速度增量	
	第6～8圈	在测控弧段内测定轨	
第9天	第1圈	上注当天半长轴精调指令	
	第2圈	实施一次单脉冲变轨	
	第3～5圈	在测控弧段内测定轨	
	第6圈	上注当天半长轴精调指令	根据第2圈精调结果实施
	第7圈	实施一次单脉冲变轨	
第10天	第1～8圈	作为轨道精调备选时机，确认轨道参数	

非基准星首次轨道机动日期及每天轨道半长轴控制量具体规划方法如下：

设 t_0 时刻，非基准星相对目标升交点赤经的偏差为 $\Delta\Omega_0$，相对目标部署相位的偏差为 Δu_0，相对基准星的升交点进动速率为 $\Delta\dot{\Omega}$，相对基准星的相位变化率为 $\Delta\dot{u}$。设 t_0 时刻之后第 N 天卫星实施首次部署机动，当天满足测控可见性及变轨点纬度幅角要求的时刻为

t_m。标称情况下非基准星完成轨道机动部署时，相位条件满足

$$\Delta u_0 + \Delta \dot{u}(t_m - t_0) + \Delta u_m = 2k\pi \qquad (5-19)$$

式中　$\Delta \dot{u}$——非基准星相对基准星的轨道角速率；

　　　k——对于低停泊轨道卫星取负整数，对于高停泊轨道卫星
取正整数；

　　　Δu_m——非基准星从停泊轨道至工作轨道机动过程中累积的

相对目标位置的相位，$\Delta u_m = \sum\limits_{i=1}^{6} \Delta u_i$。

Δu_i 为非基准星在第 i 个过渡圆轨道停留期间相对目标位置累积
的相对相位，其满足以下关系

$$\Delta u_i - \Delta u_{i+1} = C \quad i = 1, \cdots, 5 \qquad (5-20)$$

其中

$$C = \sqrt{\mu}\left[(a_0 - \Delta h)^{-3/2} - a_0^{-3/2}\right]$$

$$\Delta h = (a_0 - a_i)/6, i = 1, 2, \cdots, 6$$

式中　a_0——基准星工作轨道半长轴；

　　　a_i——非基准星停泊轨道半长轴。

可得

$$\Delta u_m = 3(2\Delta u_6 + 5C) \qquad (5-21)$$

非基准星进入工作轨道时，相对标称目标位置的升交点赤经偏
差为

$$\Delta \Omega_f = \Delta \Omega_0 + \Delta \dot{\Omega}(t_m - t_0) + \Delta \Omega_m \qquad (5-22)$$

$\Delta \Omega_f$ 期望最优值为 0。$\Delta \dot{\Omega}$ 为非基准星相对基准星升交点进动速
率，单位为 rad/d。根据升交点进动速率与轨道角速度的关系式

$$\frac{\dot{\Omega}}{n} = -\frac{3}{2} \frac{J_2}{(1-e^2)^2} \left(\frac{R_e}{a}\right)^2 \cos I \qquad (5-23)$$

于是可得

$$p = \frac{\Delta \Omega}{\Delta u} = -\frac{3}{2} \frac{J_2}{(1-e_0^2)^2} \left(\frac{R_e}{a_0}\right)^2 \cdot \frac{c^{-3.5}-1}{c^{-1.5}-1} \cos I_0 \qquad (5-24)$$

式中

$$c = a_p / a_0$$

根据式（5-24）代入式（5-19）可得

$$\Delta \Omega_f = \Delta \Omega_0 + p [\Delta \dot{u}_0 (t_m - t_0) + \Delta u_m] \qquad (5-25)$$

将式（5-19）代入式（5-25），可得

$$\Delta \Omega_f = p (2k\pi - \Delta u_0 + \Delta \Omega_0 / p) \qquad (5-26)$$

当非基准星部署升交点赤经与目标值完全重合时，有 $\Delta \Omega_f = 0$，此时

$$k = (\Delta u_0 - \Delta \Omega_0 / p) / (2\pi) \qquad (5-27)$$

但如果要求非基准星相位与目标相位完全重合，则 k 需为整数，而式（5-27）由初始相对相位和相对升交点赤经确定，取得整数只是其中特例。因此，在保证相位准确部署的情况下，即 k 为整数，相对升交点赤经通常会存在一定偏差。以相对相位准确部署为目标，在此基础上相对升交点赤经偏差最小的充分必要条件为

$$-\pi \leqslant 2k\pi - \Delta u_0 + \Delta \Omega_0 / p \leqslant \pi \qquad (5-28)$$

此时 $\Delta \Omega_f$ 的偏差范围为

$$|\Delta \Omega_f| \leqslant |p\pi| \qquad (5-29)$$

根据式（5-28）可得，使相对升交点赤经偏差最小的整数 k 满足

$$\frac{\Delta u_0 - \Delta \Omega_0 / p}{2\pi} - 0.5 \leqslant k \leqslant \frac{\Delta u_0 - \Delta \Omega_0 / p}{2\pi} + 0.5 \qquad (5-30)$$

即

$$k = \mathrm{floor} \left(\frac{\Delta u_0 - \Delta \Omega_0 / p}{2\pi} + 0.5 \right) \qquad (5-31)$$

式中　floor——向负无穷取整。

相对相位与相对升交点赤经关系示意图如图 5-16 所示，图中给出了 $\Delta \Omega_f$ 为最优解的 3 种情形，其中前两种情况为一般情况，第三种情况为特殊情况，只有非基准星与基准星初始相对相位、相对升交点赤经满足特定条件时才能实现。

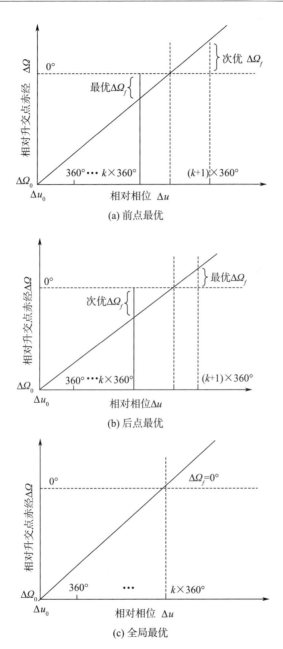

图 5 - 16　相对相位与相对升交点赤经关系示意图

上述分析表明，只要初始轨道机动时机 t_m 选择恰当，使得 k 满足升交点赤经偏差最小条件，后续只要保证相对相位部署精度，即可保证相对升交点赤经偏差最小。因此，每天轨道机动量的规划以相对相位偏差最小为目标。以图 5-16（a）所示情况为例，部署规划原理示意图如图 5-17 所示。

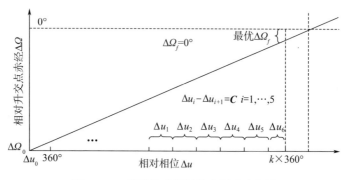

图 5-17　部署机动规划策略原理示意图

根据每天变轨量的限制，可以确定 Δu_m 的范围，即

$$\begin{cases} \Delta u_{mr} \leqslant \Delta u_m < \Delta u_{mr} + \Delta\dot{u} \cdot 1 & k > 0 \\ \Delta u_{mr} + \Delta\dot{u} \cdot 1 < \Delta u_m \leqslant \Delta u_{mr} & k < 0 \end{cases} \tag{5-32}$$

式中，Δu_{mr} 为每天变轨 $\Delta h = (a_o - a_i)/6$，6 天完成变轨累积的相对相位，其符号与 k 相同。由式（5-32）可得

$$\Delta u_m = 2k\pi - \Delta u_0 - \Delta\dot{u}(t_m - t_0) \tag{5-33}$$

考虑到 $\Delta\dot{u}$ 与 k 同号，将式（5-33）代入式（5-32）可得

$$\frac{2k\pi - \Delta u_0 - \Delta u_{mr}}{\Delta\dot{u}} - 1 < (t_m - t_0) \leqslant \frac{2k\pi - \Delta u_0 - \Delta u_{mr}}{\Delta\dot{u}} \tag{5-34}$$

由此可以确定标称情况下使得升交点赤经偏差最小的首次部署机动日期为

$$N = \text{floor}(t_m - t_0) = \text{floor}\left(\frac{2k\pi - \Delta u_0 - \Delta u_{mr}}{\Delta\dot{u}}\right) \tag{5-35}$$

在确定首次部署机动日期的情况下，根据测控及纬度幅角条件选定 t_m，利用式（5-33）可计算得到 Δu_m，在此基础上，由式（5-32）可解得

$$\Delta u_6 = (\Delta u_m / 3 - 5C) / 2 \tag{5-36}$$

前 5 天每天标称累积相对相位为

$$\Delta u_i = \Delta u_6 + (6 - i) C \quad i = 1, \cdots, 5 \tag{5-37}$$

由于实际变轨过程总是存在误差，当天的变轨量需对之前的累积相位偏差进行修正，以保证后续相位部署精度。设第 d 天机动之前每天相对基准星的实际累积相对相位为 $\Delta \lambda_i (i = 1, \cdots, d-1, d < 6)$，则利用式（5-37）重新规划。第 d 天相对基准星需累积的相位为

$$\Delta u'_d = \left(\Delta u_m - \sum_{i=1}^{d-1} \Delta \lambda_i \right) / (7 - d) + (6 - d) C / 2 \tag{5-38}$$

利用式（5-38）可求得第 d 天轨道半长轴机动量

$$a_d = \left[\frac{\mu}{(\Delta u'_d / (t_{out} - t_{in}) + n_o)^2} \right]^{1/3} \tag{5-39}$$

式中　t_{in}——当天霍曼转移第一次变轨时刻；

　　　t_{out}——第二天霍曼转移第一次变轨时刻。

其中，t_{in}、t_{out} 这两个时刻根据卫星测控可见性具体选定，标称情况下 $t_{out} - t_{in} = 1 \, d$。

5.5　GNSS 掩星大气探测星座部署策略仿真

5.5.1　仿真参数设置

星座部署仿真参数设置见表 5-14，星座部署初始构型如图 5-18 所示，各颗卫星初始轨道仿真参数具体见表 5-15。

表 5 - 14　星座部署仿真参数设置

项目	参数
地球引力模型	21 阶×21 阶
大气模型	NRLMSISE 2000
整星质量	150 kg
迎风面积	0.065 m²
卫星面质比	0.005 m²/kg
轨控推力	2 N
推进剂比冲	200 s

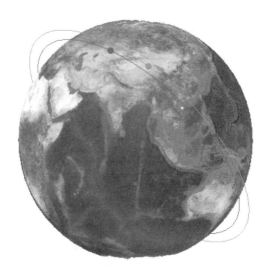

图 5 - 18　星座部署仿真初始构型

表 5 - 15　探测星座初始轨道参数

	A 星	B 星	C 星	D 星	E 星	F 星
历元时刻	2016 - 01 - 01 00:00:00					
半长轴(km)	6 878.93	6 878.501	6 878.119	7 492.867	7 494.263	7 493.677
偏心率	0.000 501	0.000 562	0.000 609	0.001 097	0.001 142	0.001 172
轨道倾角/(°)	49.97	49.972	49.974	49.980	49.982	49.983

续表

	A 星	B 星	C 星	D 星	E 星	F 星
升交点赤经/(°)	44.5256	44.525	44.523	44.285	44.274	44.265
近地点幅角/(°)	317.864	319.608	319.521	11.466	8.583	5.522
平近地点角/(°)	158.254	156.505	156.590	124.304	127.257	130.255

5.5.2　仿真结果

　　星座部署策略通过 STK 软件进行仿真，仿真过程不考虑姿态偏差，推力方向沿速度方向。考虑到仿真条件简化，这里主要仿真基准星 6 天时间内部署机动过程，以及非基准星 7 天时间内部署机动过程，未对轨道精调过程进行仿真。

　　低停泊轨道卫星部署目标相位为负的绝对相位边界（−25°），并且半长轴相对基准星半长轴作负偏置。高停泊轨道卫星部署目标相位为正的绝对相位边界（+25°），并且半长轴相对基准星半长轴作正偏置。非基准星完成 7 天部署机动时相对基准星的部署精度统计见表 5-16，仿真结果表明，绝对相位偏差在 ±25° 以内，升交点赤经偏差在 0.3° 以内，满足部署指标要求。全部卫星完成部署时的星座构型如图 5-19 所示。各颗卫星部署机动统计数据见表 5-17，最大合计变轨速度增量约为 164 m/s，相应最大合计推进剂消耗量约为 11.9 kg，单次变轨最长工作时长为 1 113 s（按整星质量 150 kg、推力 2 N 计算），未超出推力器 1 200 s 工作时长约束。

表 5-16　非基准星相对基准星部署精度统计

卫星	半长轴偏差/m	绝对相位偏差/(°)	升交点赤经偏差/(°)
A	−87.65	−24.15	0.286 4
B	−144.26	−23.06	0.105 7
C	−100.98	−23.09	−0.255 7
E	73.62	23.58	−0.057
F	34.18	24.53	−0.143 9

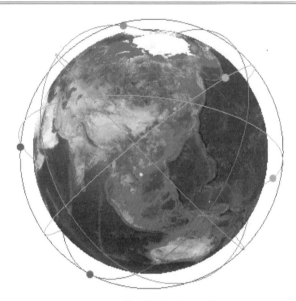

图 5 - 19　部署完成时星座构型

表 5 - 17　各星部署机动数据统计表

		A 星	B 星	C 星	D 星	E 星	F 星
第 1 天	$\Delta m/\text{kg}$	0. 92	0. 41	0. 86	1. 85	0. 06	1. 03
	$\Delta a/\text{km}$	21. 88	9. 67	20. 30	−49. 71	−1. 61	−27. 73
	$\Delta V/(\text{m/s})$	12. 07	5. 35	11. 22	−24. 31	−0. 78	−13. 53
	$\Delta t_1/\text{s}$	452. 20	200. 38	420. 33	908. 03	29. 30	506. 22
	$\Delta t_2/\text{s}$	449. 76	199. 90	418. 22	901. 14	29. 29	504. 07
第 2 天	$\Delta m/\text{kg}$	1. 89	1. 91	1. 93	1. 97	2. 26	2. 12
	$\Delta a/\text{km}$	45. 86	45. 96	46. 73	−53. 43	−60. 95	−57. 46
	$\Delta V/(\text{m/s})$	25. 12	25. 26	25. 64	−26. 40	−29. 84	−28. 28
	$\Delta t_1/\text{s}$	931. 09	941. 18	951. 16	967. 52	1 113. 00	1 044. 64
	$\Delta t_2/\text{s}$	920. 67	930. 60	940. 30	959. 54	1 102. 65	1 035. 42

续表

		A 星	B 星	C 星	D 星	E 星	F 星
第 3 天	$\Delta m/\text{kg}$	1.88	1.90	1.92	1.95	2.10	2.06
	$\Delta a/\text{km}$	46.91	47.07	47.92	-53.44	-57.22	-56.40
	$\Delta V/(\text{m/s})$	25.44	25.62	26.03	-26.69	-28.35	-28.08
	$\Delta t_1/\text{s}$	924.96	936.12	946.65	958.62	1 033.76	1 015.10
	$\Delta t_2/\text{s}$	914.48	925.44	935.68	950.63	1 024.62	1 006.21
第 4 天	$\Delta m/\text{kg}$	1.86	1.89	1.91	1.93	2.01	2.03
	$\Delta a/\text{km}$	47.91	48.17	48.95	-53.44	-55.24	-56.05
	$\Delta V/(\text{m/s})$	25.72	25.94	26.31	-26.98	-27.68	-28.22
	$\Delta t_1/\text{s}$	917.07	929.70	938.11	949.61	987.96	998.75
	$\Delta t_2/\text{s}$	906.56	918.95	927.11	941.60	979.42	989.95
第 5 天	$\Delta m/\text{kg}$	1.83	1.85	1.87	1.91	2.00	1.97
	$\Delta a/\text{km}$	48.50	48.53	49.49	-53.44	-55.45	-54.96
	$\Delta V/(\text{m/s})$	25.77	25.87	26.33	-27.28	-28.11	-27.99
	$\Delta t_1/\text{s}$	901.08	908.95	919.89	940.45	981.96	969.43
	$\Delta t_2/\text{s}$	890.72	898.47	909.09	932.42	973.34	960.94
第 6 天	$\Delta m/\text{kg}$	1.82	1.84	1.86	1.89	1.96	1.92
	$\Delta a/\text{km}$	49.80	49.77	50.72	-53.44	-54.98	-54.13
	$\Delta V/(\text{m/s})$	26.19	26.26	26.70	-27.59	-28.19	-27.88
	$\Delta t_1/\text{s}$	897.75	904.40	914.19	931.26	963.79	945.24
	$\Delta t_2/\text{s}$	887.27	893.81	903.31	923.22	955.30	937.00
第 7 天	$\Delta m/\text{kg}$	1.33	1.90	1.48	0.00	1.14	0.36
	$\Delta a/\text{km}$	37.29	53.06	41.62	0.00	-32.38	-10.11
	$\Delta V/(\text{m/s})$	19.43	27.70	21.70	0.00	-16.75	-5.24
	$\Delta t_1/\text{s}$	653.33	934.81	728.29	0.00	561.53	174.68
	$\Delta t_2/\text{s}$	647.66	923.26	721.23	0.00	558.58	174.39

续表

		A 星	B 星	C 星	D 星	E 星	F 星
合计	$\Delta m/\mathrm{kg}$	11.53	11.69	11.82	11.51	11.54	11.50
	$\Delta a/\mathrm{km}$	298.15	302.23	305.72	-316.90	-317.83	-316.84
	$\Delta V/(\mathrm{m/s})$	159.74	162.00	163.93	-159.24	-159.70	-159.22
	$\Delta t_{\max}/\mathrm{s}$	931.09	941.18	951.16	967.52	1 113.00	1 044.64
首次机动日期/d		59	147	233	29	128	230

　　轨道半长轴、偏心率、相对升交点赤经、相对相位曲线如图 5 - 20～图 5 - 23 所示。星座完成部署时间为 236 天（未考虑轨道精调），相比预估星座部署时长进一步缩减了 10 天。仿真结果验证了本书所提出的星座部署策略制定方法的可行性和有效性，补充了 GNSS 掩星大气星座研究的整体性。同时，也为 GNSS 星座构型方案的选取提供了辅助参考。

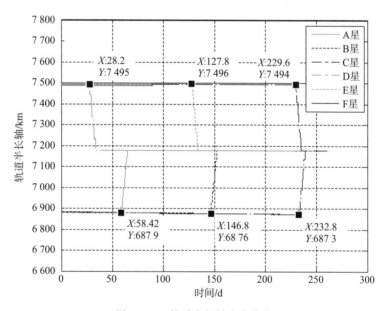

图 5 - 20　轨道半长轴变化曲线

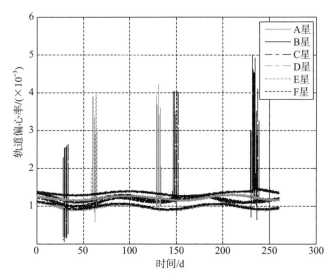

图 5 - 21   轨道偏心率变化曲线

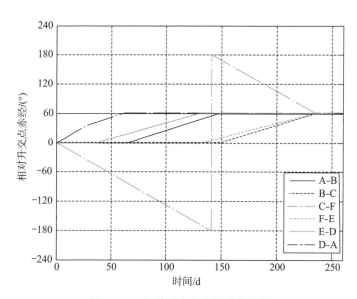

图 5 - 22   轨道升交点赤经偏差曲线

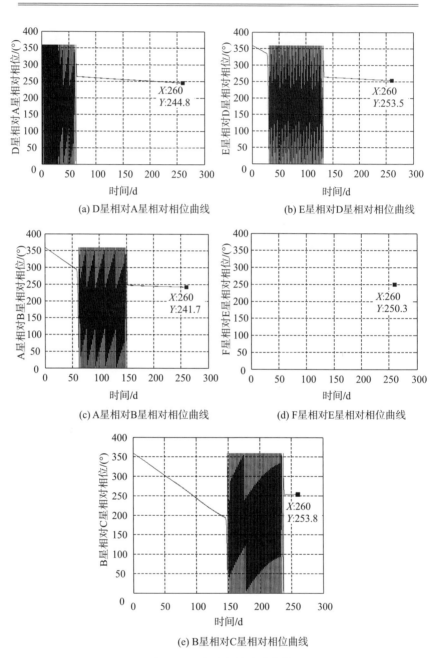

(a) D星相对A星相对相位曲线

(b) E星相对D星相对相位曲线

(c) A星相对B星相对相位曲线

(d) F星相对E星相对相位曲线

(e) B星相对C星相对相位曲线

图 5 - 23　相对相位变化曲线

5.6　本章小结

针对航天测控条件及微小卫星轨道机动性能，对 GNSS 掩星大气探测星座中玫瑰星座构型子星座的部署问题进行研究，基于一箭多星发射方式以轨道面漂移速率差离散入轨卫星簇，提出一种更具工程应用性的新型双停泊轨道部署方案。

分析我国测控条件，得出轨道高度在 500～1 200 km 间的 LEO 卫星均可满足星座部署中指令上传及轨控期追踪观测的条件；分析一箭多星发射卫星入轨精度，得出现有入轨精度对 GNSS 掩星大气探测星座部署的影响可以接受；分析微小卫星平台推进能力，得出 GNSS 掩星大气探测卫星推进能力和对地三轴稳定姿态控制方式可以满足星座部署的需求的结论；分析微小卫星平台推力偏差，得出切向和径向分量对 GNSS 掩星大气探测星座部署的影响可以接受的结论，但需选择合适时机以克服法向分量对轨道倾角的影响。

以霍曼轨道转移方法为基础，以尽量缩短部署时间为目的，结合星座部署影响因子分析结果，提出各卫星的轨道机动时序规划方法，并采用 STK 仿真软件对星座部署策略进行了数学仿真，验证了可行性。该部署方法可为我国 GNSS 掩星大气探测航天系统的组建提供参考。

第6章　GNSS掩星大气探测星座构型保持策略

6.1　引言

星座构型保持就是按照一定的策略对星座中偏离设计轨道的卫星施加轨道控制，维持星座中卫星的绝对或相对位置，从而达到将星座的构型保持在一定允许范围内，保证星座整体性能处于稳定状态的目标[4]。因此，星座构型保持策略的核心问题是：

1）如何确定卫星偏离设计轨道的程度；

2）如何确定星座构型保持量及其调整速度；

3）如何施加轨道控制。

由于GNSS掩星大气探测任务对星座的空间几何构型无特定的指向要求，因此采用相对构型保持方法。根据星座中各卫星的瞬时轨道根数 x_t 拟合出星座基准向量 x_a，由星座构型要求的各卫星轨道差异向量 x_d 确定各卫星的标称轨道根数 x_b，从而确定各卫星的轨道偏差向量 x_e。在拟合星座基准向量时实现星座构型保持的优化目标，如在时间约束下的推进剂消耗均衡并且整体消耗最小等。

要进行星座构型保持，首先要确定期望的星座构型作为控制目标。期望星座构型的确定方法决定了是采用绝对保持还是采用相对保持。由于GNSS掩星大气探测任务对星座的空间几何构型无特定的指向要求，可以采用相对构型保持方法。

6.2　星座构型漂移特性分析

星座内各卫星的轨道根数差异造成卫星受到的作用力差异，进而造成轨道根数变化率不一致，导致星座构型发生漂移。因此，本节对标称构型的稳定性和星座内卫星根数差异造成的星座构型漂移特性进行分析。

6.2.1　标称构型稳定性分析

探测星座的主要星座构型参数为相对升交点赤经 $\Delta\Omega$、相对相位 Δu。设探测星座第 m 颗卫星的轨道半长轴为 a_m、轨道倾角为 i_m、轨道偏心率为 e_m，第 n 颗卫星的轨道半长轴为 a_n、轨道倾角为 i_n、轨道偏心率为 e_n。仅考虑 J_2 项摄动的情况下，这两颗卫星之间的相对升交点赤经漂移率为

$$\Delta\dot{\Omega} = \frac{3}{2}\sqrt{\mu}J_2 R_e^2 \left[\frac{\cos i_n}{a_n^{7/2}(1-e_n^2)^2} - \frac{\cos i_m}{a_m^{7/2}(1-e_m^2)^2} \right] \quad (6-1)$$

相对相位漂移率为

$$\Delta\dot{u} = \sqrt{\frac{\mu}{a_m^3}} - \frac{3\sqrt{\mu}J_2 R_e^2}{4a_m^{7/2}(1-e_m^2)^2}\left[(3\sin^2 i_m - 2)\sqrt{1-e_m^2} + (5\sin^2 i_m - 4)\right] -$$

$$\sqrt{\frac{\mu}{a_n^3}} + \frac{3\sqrt{\mu}J_2 R_e^2}{4a_n^{7/2}(1-e_n^2)^2}\left[(3\sin^2 i_n - 2)\sqrt{1-e_n^2} + (5\sin^2 i_n - 4)\right]$$

$$(6-2)$$

探测星座采用 Walker 星座构型，对于标称构型，星座中的所有卫星轨道半长轴、轨道倾角和轨道偏心率均一致，即

$$\begin{cases} a_m = a_n \\ e_m = e_n \\ i_m = i_n \end{cases} \quad (6-3)$$

将式（6-3）代入式（6-1）和式（6-2）可得

$$\begin{cases} \Delta\dot{\Omega} = 0 \\ \Delta\dot{u} = 0 \end{cases} \quad (6-4)$$

式（6-4）表明，在仅考虑 J_2 摄动项的情况下，探测星座标称构型稳定，不会发生漂移。

6.2.2　偏差构型漂移特性分析

星座部署完成后,探测星座各卫星的实际轨道参数与标称构型轨道参数存在差异。入轨偏差将使卫星实际轨道偏离标称轨道,利用式(6-1)和式(6-2)可以计算 J_2 摄动情况下,卫星实际轨道相对标称轨道的漂移特性。因半长轴偏差引起的升交点进动速率与标称值的偏差如图6-1(a)所示。由图6-1(a)可知,在标称轨道高度附近,因半长轴偏差引起的升交点进动速率漂移约为 2.098×10^{-3} (°)/(km/d)。

因偏心率偏差引起的升交点进动速率与标称值的偏差如图6-1(b)所示。由图6-1(b)可知,对于圆轨道,偏心率偏差对升交点进动速率的影响可以忽略不计。

因倾角偏差引起的升交点进动速率与标称值的偏差如图6-1(c)所示。由图6-1(c)可知,在标称轨道倾角附近,因轨道倾角偏差引起的升交点进动速率漂移约为 0.0887 (°)/[(°)/d]。

根据以上分析结果可知,星座内各卫星的轨道半长轴偏差和倾角偏差均会造成相对升交点赤经的漂移,可以利用该特性进行星座部署和保持。不同轨道倾角偏差条件下卫星轨道升交点相对标称位置的漂移如图6-2所示。由图可知,当轨道倾角相对标称值偏差 $0.1°$ 时,5年时间内卫星升交点赤经相对标称值偏离 $16.1°$ 左右;当轨道倾角相对标称值偏差 $0.02°$ 时,5年时间内卫星升交点赤经相对标称值偏离 $3.2°$ 左右。

因半长轴偏差引起的卫星轨道相位变化率相对标称值的偏差如图6-3(a)所示。由图可知,在标称轨道高度附近,因半长轴偏差引起的相位变化率漂移约为 1.076 (°)/(km/d)。

因偏心率偏差引起的卫星轨道相位变化率相对标称值的偏差如图6-3(b)所示。由图可知,对于圆轨道,偏心率偏差对卫星轨道相位变化率的影响可以忽略不计。

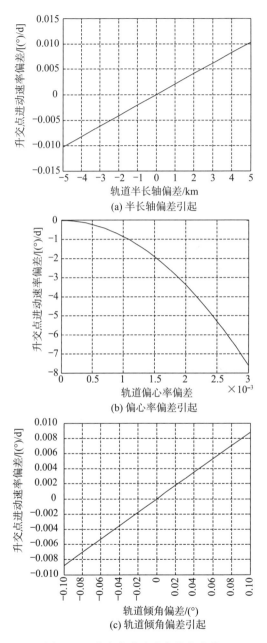

图 6-1　升交点进动速率偏差曲线

　　因倾角偏差引起的卫星轨道相位变化率相对标称值的偏差如图 6-3 (c) 所示。由图可知，在标称轨道倾角附近，因轨道倾角偏差引起的卫星轨道相位变化率漂移约为 0.45 (°) / [(°) /d]。

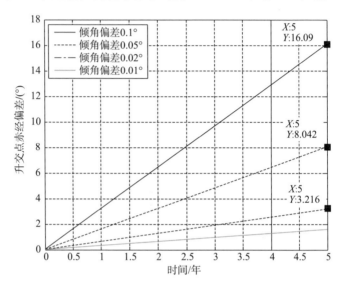

图 6-2　不同轨道倾角偏差情况下升交点相对标称位置漂移曲线

　　偏心率和轨道倾角偏差对卫星相位变化率的影响较小，而半长轴偏差则可能造成较大的卫星相位变化率偏差。当半长轴偏差达到 5 km时，相应的轨道角速率偏差达到 5.4 (°) /d。

　　探测星座实际部署不仅与标称构型存在一定偏差，而且不同卫星轨道参数之间亦存在差异，造成相对升交点赤径的变化率 $\Delta\dot{\Omega} \neq 0$，相对相位变化率 $\Delta\dot{u} \neq 0$。卫星之间入轨参数的偏差将使星座构型发生漂移。在入轨精度范围内，与半长轴偏差、轨道倾角偏差相比，偏心率偏差对构型漂移的影响至少小 2 个量级。半长轴偏差对相对升交点赤经 $\Delta\Omega$、相对相位 Δu 这两个星座构型参数均有较大影响，但半长轴偏差量级造成的相对相位漂移速率约为相对升交点赤经漂移速率的 539 倍。轨道倾角偏差造成的相对相位漂移速率约为相对升交点赤经漂移速率的 5 倍。

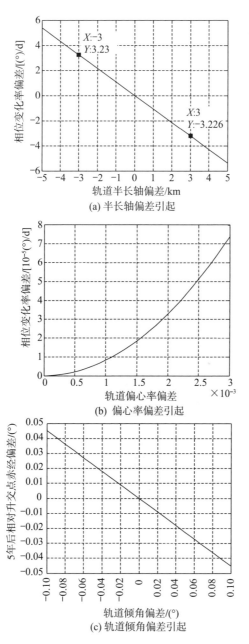

(a) 半长轴偏差引起

(b) 偏心率偏差引起

(c) 轨道倾角偏差引起

图 6-3　卫星轨道相位变化率偏差曲线

在入轨精度边界处，半长轴偏差造成的相对升交点赤经 $\Delta\Omega$ 漂移量级与轨道倾角偏差造成的量级相当。上述分析表明，轨道半长轴偏差需控制在合理范围内，否则影响卫星之间的相对相位；通过调整轨道半长轴是调节卫星相对相位的有效手段；同时，轨道倾角偏差造成的相对升交点赤经 $\Delta\Omega$ 漂移无法通过调整半长轴来抵消，否则将导致卫星相对相位的错位。

根据以上分析可知，在 J_2 项摄动作用下，标称的 Walker 星座构型是临界稳定的，需要通过星座构型保持控制才能达到维持星座构型稳定的目的。

6.3　星座构型保持策略

6.3.1　相对升交点赤经保持策略

探测星座相邻卫星之间的标称相对升交点赤经为 $60°$，任务要求相对升交点赤经偏差 5 年任务期间保持在 $±5°$ 以内。

相对升交点赤经的漂移主要与卫星之间轨道倾角的偏差相关，轨道倾角偏差越大，则相对升交点赤经的漂移速率越大。探测星座相对升交点赤经保持策略主要通过初轨调整，将卫星轨道倾角相对偏差控制在一定范围内，从而保证星座相对升交点赤经偏差 5 年任务期间保持在 $±5°$ 以内。

卫星轨道升交点进动主要与地球 J_2 项非球形引力有关，这里基于 J_2 摄动模型分析相对升交点赤经的漂移特性。5 年累计相对升交点赤经偏差与轨道倾角偏差的关系曲线如图 6-4 所示。图中数据表明，在相对升交点赤经初始无偏差的情况下，卫星之间的轨道倾角偏差小于 $0.031°$，则可以保证 5 年累计相对升交点赤经偏差小于 $5°$。当卫星之间的轨道倾角偏差小于 $0.02°$ 时，5 年累计相对升交点赤经偏差小于 $3.3°$。因此，相对升交点赤经保持策略主要通过将卫星之间的初始相对升交点赤经偏差控制在 $1.7°$ 以内，同时通过初轨调整将卫星之间的轨道倾角偏差控制在 $0.02°$ 以内，以此保证 5 年任务期内累计相对升交点赤经偏差在 5°以内。

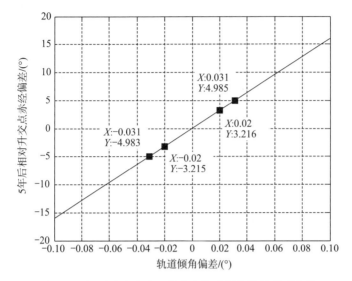

图 6 - 4　相对升交点赤经偏差与轨道倾角偏差关系曲线

综上所述，探测星座相对升交点赤经的保持通过控制轨道倾角初始偏差以及相对升交点赤经初始偏差来实现。为了保证 5 年时间，任意两个相邻卫星间的相对升交点赤经偏差在 5°范围内，卫星完成轨道部署时相对升交点赤经初始偏差绝对值在 1.7°以内，即升交点赤经相对标称值的偏差在 ±0.85°以内；完成部署时保证卫星之间的轨道倾角偏差控制在 ±0.01°范围内。

6.3.2　绝对相位保持策略

探测星座相邻卫星之间的标称相对相位为 240°，星座构型保持要求卫星之间相对相位偏差在 ±49°以内，相应的绝对相位允许偏差为 ±24.5°。

星座绝对相位保持策略利用 J_2 摄动模型外推各颗卫星绝对参考相位，卫星实际相位与绝对参考相位进行比较，当卫星实际相位接近边界时，通过控制半长轴调整相位。当卫星接近 +24.5°相位边界且卫星实际轨道半长轴小于标称轨道半长轴时，卫星升轨 Δa_c，使轨道半长轴大于标称轨道半长轴，此时卫星相位向负边界漂移。升轨量 Δa_c 根据大气阻力作用下的轨道高度衰减率进行偏置，Δa_c 计算如下

$$\Delta a_c = \sqrt{-\frac{8a\dot{a}}{3n}\Delta u_{max}} - \Delta a_0 - \Delta a_{err} \qquad (6-5)$$

式中　Δu_{max} ——卫星相位单侧允许漂移阈值，为 24.5°；

　　　$\dot{a}$ ——轨道半长轴衰减率；

　　　Δa_0 ——调相前轨道半长轴相对标称轴的偏差；

　　　Δa_{err} ——轨道半长轴定轨最大偏差。

当卫星接近 $-24.5°$ 相位边界且卫星实际轨道半长轴大于标称轨道半长轴时，卫星降轨 Δa_c，使轨道半长轴小于标称轨道半长轴，此时卫星相位向正边界漂移。降轨量 Δa_c 计算如下

$$\Delta a_c = -\Delta a_0 - \Delta a_{err} \qquad (6-6)$$

绝对参考相位的初始化以实际构型与参考构型偏差最小为原则，第一颗卫星的初始绝对参考相位 u_{ref} 通过下式求解

$$\min f(u_{ref}) = \sum_{k=1}^{6} [u_{ref} + \Delta u_{ref} \cdot (k-1) - u_k]^2 \qquad (6-7)$$

式中　Δu_{ref} ——相邻卫星之间的标称相对相位，为 240°；

　　　u_k ——卫星实际相位。

由式（6-7）可得

$$u_{ref} = \frac{1}{6}\left(\sum_{k=1}^{6} u_k - 15\Delta u_{ref}\right) \qquad (6-8)$$

在确定第一颗卫星初始绝对参考相位的情况下，由标称相对相位可得其他卫星的初始绝对参考相位，计算式如下

$$u_{kref} = u_{ref} + (k-1)\Delta u_{ref} \quad k=1,\cdots,6 \qquad (6-9)$$

绝对参考相位利用 J_2 摄动模型外推获得，为了说明 J_2 摄动模型外推的可行性，这里将 J_2 摄动模型外推结果与高精度数值求解模型（HPOP）求解结果进行比较。HPOP 模型设置不考虑大气阻力

摄动，具体参数设置见表 6-1。HPOP 模型相位平根相对 J_2 摄动模型外推相位的偏差曲线如图 6-5 所示，图中数据表明，5 年时间内两者相位外推结果偏差在 10° 以内，而卫星运行绝对相位偏差为 25°，由此可见，利用 J_2 摄动模型外推绝对参考相位基准，因模型偏差引起的相位保持次数最多为 1 次。

表 6-1　HPOP 模型仿真参数

项目	设置
地球引力模型	21 阶×21 阶
第三体引力模型	日、月
大气阻力模型	不考虑
轨道半长轴均值偏差/m	$< 5×10^{-3}$
轨道倾角均值偏差/(°)	$< 2×10^{-3}$

综上所述，绝对相位保持策略以 J_2 摄动模型外推绝对相位参考基准，通过控制半长轴将卫星绝对相位偏差控制在 ±25° 范围内，保证相邻卫星之间的相对相位偏差绝对值在 49° 范围内。

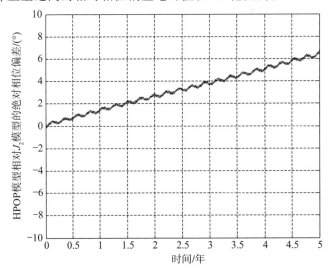

图 6-5　HPOP 模型相对 J_2 模型的绝对相位偏差曲线

6.3.3 相对相位保持策略

相对相位保持策略利用卫星实际相位参数构造参考构型，并通过控制轨道半长轴控制卫星之间的相对相位偏差。当相邻卫星之间的相对相位偏差接近 $49°$ 时，将卫星实际相位与参考构型进行比较，选择实际相位与参考构型偏差最大的卫星进行相位保持。

参考构型的构造以与星座实际构型偏差最小为原则。设星座中第一颗卫星的参考相位为 u_{ref} ，则 u_{ref} 满足

$$f\left(u_{\mathrm{ref}}\right) = \min f\left(u\right) \tag{6-10}$$

其中

$$f\left(u\right) = \sum_{k=1}^{6} \left[u + \Delta u_{\mathrm{ref}} \cdot \left(k-1\right) - u_k\right]^2 \tag{6-11}$$

式中 Δu_{ref} ——相邻卫星之间的标称相对相位，为 $240°$ ；

　　　u_k ——卫星实际相位。

由式（6-10）可得

$$u_{\mathrm{ref}} = \frac{1}{6} \left(\sum_{k=1}^{6} u_k - 15 \Delta u_{\mathrm{ref}} \right) \tag{6-12}$$

在确定第一颗卫星参考相位的情况下，由标称相对相位可得其他卫星的参考相位，计算式如下

$$u_{k\mathrm{ref}} = u_{\mathrm{ref}} + \left(k-1\right) \Delta u_{\mathrm{ref}} \quad k = 1, \cdots, 6 \tag{6-13}$$

相对相位偏差绝对值接近 $49°$ 的两颗卫星序号 m、q，通过与参考构型相位的比较，可以确定这两颗卫星相对参考构型偏差较大的卫星。选择这两颗卫星中与参考构型偏差较大的卫星实施构型保持，默认序号为 m 的卫星相对参考构型相位偏差较大，即其相位满足

$$\left|u_{\mathrm{m}} - u_{\mathrm{mref}}\right| = \max\left(\left|u_k - u_{k\mathrm{ref}}\right|\right) \quad k = m, q \tag{6-14}$$

当卫星 m 相对卫星 q 的相对相位偏差接近 $+49°$，卫星 m 进行升轨控制，使其轨道半长轴大于卫星 q，保证相对相位偏差绝对值趋于减小。此时，升轨量 Δa_c 算式如下

$$\Delta a_c = -\Delta a_0 + 3\Delta a_{err} \qquad (6-15)$$

式中　Δa_0——相位保持前卫星 m 相对卫星 q 的半长轴偏差；

　　　Δa_{err}——轨道半长轴定轨最大偏差绝对值。

　　式中增加计算项 $3\Delta a_{err}$ 主要是考虑到测定轨存在误差。由于单星测定轨最大偏差为 $\pm \Delta a_{err}$，测量值 Δa_0 与其真实值之间的最大偏差为 $2\Delta a_{err}$，因此半长轴控制量增加 $3\Delta a_{err}$，即使出现最大测量及控制偏差，仍能保证相对相位漂移趋势改变。

　　当卫星 m 和卫星 q 的相对相位偏差接近 $-49°$ 时，卫星 m 进行降轨控制，使卫星 m 的轨道半长轴小于卫星 q，保证相对相位偏差绝对值趋于减小。此时，降轨量 Δa_c 算式如

$$\Delta a_c = -\Delta a_0 - 3\Delta a_{err} \qquad (6-16)$$

6.4　构型保持策略仿真

6.4.1　仿真参数设置

　　星座构型保持仿真参数设置见表 6-2，各颗卫星初始轨道仿真参数见表 6-3。

表 6-2　星座构型保持仿真参数设置

项目	参数
地球引力模型	21 阶×21 阶
大气模型	NRLMSISE 2000
整星质量	130 kg
迎风面积	0.065 m²
卫星面质比	0.005 m²/kg
轨控推力	2 N
比冲	200 s

表 6 - 3　卫星初始轨道参数 （瞬根）

	A 星	B 星	C 星	D 星	E 星	F 星
历元时刻	2016 - 01 - 01 00;00;00					
半长轴/km	7 183.54	7 175.41	7 175.45	7 183.4	7 175.47	7 175.5
偏心率	0.00	0.00	0.00	0.00	0.00	0.00
轨道倾角/(°)	51.05	51.014 1	50.980 5	50.985 6	50.970 4	51.002 2
近地点幅角/(°)	0	0	0	0	0	0
升交点赤经/(°)	0.00	60	120	180	240	300
平近地点角/(°)	0.00	240	120	0.00	240	120

6.4.2　绝对相位保持策略仿真

　　针对表 6 - 3 所示初始星座构型进行仿真，5 年时间内，单颗卫星绝对相位保持次数在 3～5 次之间，单星绝对相位保持所需速度增量在 0.73～0.97 m/s 之间，星座绝对相位保持总次数为 22 次，具体统计数据见表 6 - 4。

表 6 - 4　星座 5 年时间绝对相位保持次数及速度增量统计

卫星	保持次数/次			速度增量/(m/s)
	加速	减速	合计	
A 星	3	0	3	0.76
B 星	3	0	3	0.73
C 星	4	0	4	0.93
D 星	3	0	3	0.73
E 星	3	1	4	0.88
F 星	3	2	5	0.97
合计	19	3	22	4.99

5 年时间内卫星之间的相对相位曲线如图 6-6 所示，单星绝对相位变化曲线如图 6-7 所示。由图可知，卫星 E5 年时间内的绝对相位偏差在±24.5°范围内，相对相位偏差绝对值在 49°范围内，满足星座相对相位保持要求。各颗卫星轨道半长轴平根变化曲线如图 6-8 所示。由图可知，各颗卫星 E5 年时间内轨道半长轴平根保持在标称值的±500 m 范围内。

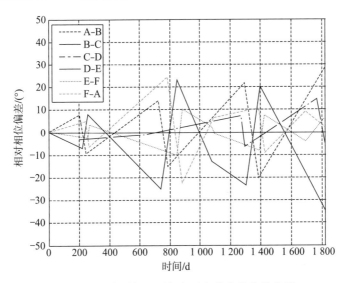

图 6-6　5 年时间卫星间相对相位偏差变化曲线

6.4.3　相对相位保持策略仿真

针对表 6-3 所示初始星座构型进行仿真，5 年时间内，单颗卫星相对相位保持次数在 1 次以内，单星相对相位保持所需速度增量在 0.10 m/s 以内，星座相位保持总次数为 3 次，具体统计数据见表 6-5。5 年时间内卫星之间的相对相位曲线如图 6-9 所示。由图可知，星座 5 年时间内相对相位偏差绝对值在 49°范围内，满足星座相对相位保持指标要求。各颗卫星轨道半长轴平根变化曲线如图 6-10 所示。由图可知，各颗卫星 5 年时间内轨道半长轴平根衰减量在 2 km 以内。

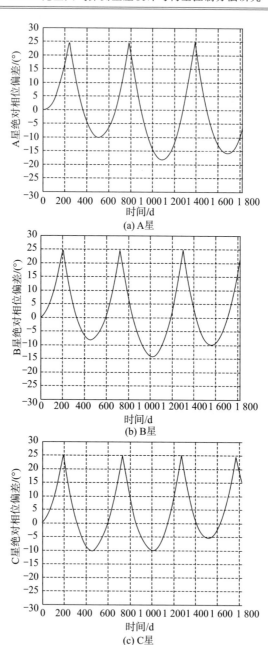

图 6-7　5 年时间内各卫星绝对相位偏差曲线

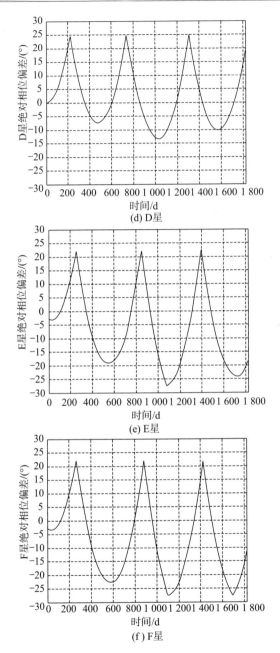

(d) D星

(e) E星

(f) F星

图 6-7　5 年时间内各卫星绝对相位偏差曲线（续）

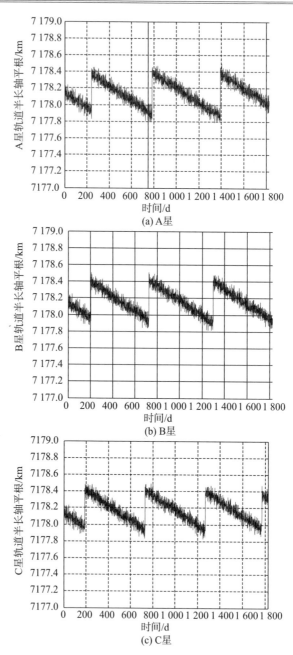

图 6 - 8 各卫星轨道半长轴平根变化曲线

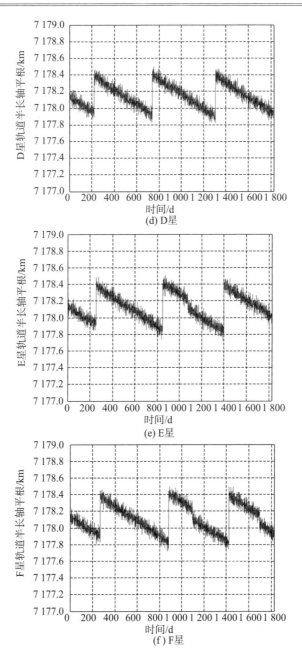

图 6-8　各卫星轨道半长轴平根变化曲线（续）

表6-5　星座5年时间相对相位保持次数及速度增量统计

卫星	保持次数/次			速度增量/(m/s)
	加速	减速	合计	
A星	0	0	0	0
B星	1	0	1	0.05
C星	1	0	1	0.10
D星	0	0	0	0
E星	0	0	0	0
F星	0	1	1	0.07
合计	2	1	3	0.22

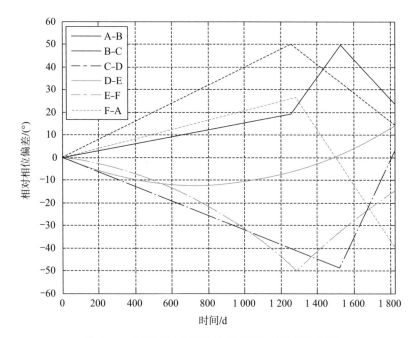

图6-9　5年时间内卫星间相对相位偏差变化曲线

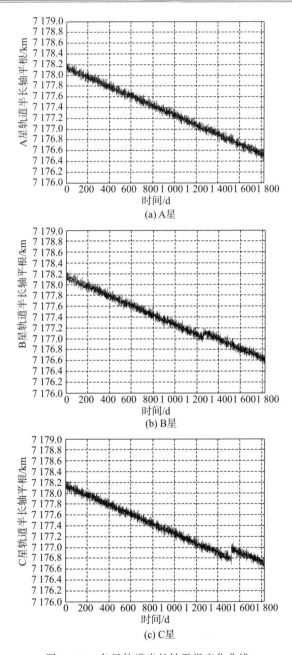

(a) A星

(b) B星

(c) C星

图 6-10　各星轨道半长轴平根变化曲线

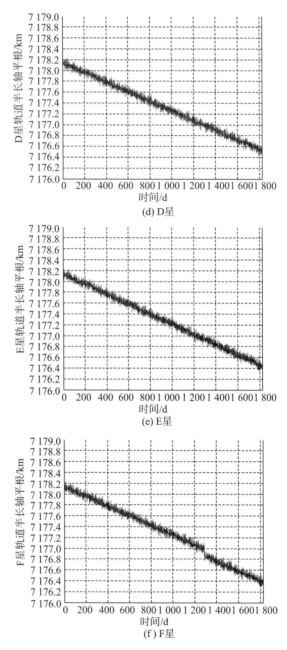

图 6 - 10　各星轨道半长轴平根变化曲线（续）

6.4.4　比较分析

探测星座构型保持只要求保持相对位置关系，并无惯性空间指向要求，采用绝对保持策略和相对保持策略均能满足构型保持要求。绝对相位保持策略既能够保持卫星相对相位，同时能够保持卫星轨道高度，而相对相位保持策略则利用了星座整体运动的一致性，实现通过较少的保持次数保持卫星相对相位。与绝对相位保持策略相比，采用相对相位保持策略在减少星座运控任务量、节省推进剂等方面具有一定优势。相对相位保持策略允许卫星高度一致衰减，必要时可通过初始轨道高度偏置保证任务期内卫星轨道高度满足要求。因此，根据探测星座构型保持需求，选择相对相位保持策略进行探测星座构型保持。

6.5　本章小结

本章分析了升交点赤经漂移的影响因素，对标称星座构型的稳定性和偏差构型的漂移特性进行了分析，提出了相对升交点赤经保持的策略。研究了基于绝对参考构型的绝对相位保持策略，分析了 J_2 摄动模型和高精度数值求解模型外推参考相位的影响，结果表明 J_2 摄动模型即可满足任务要求。基于最小二乘法，提出了玫瑰型探测星座期望构型拟合方法和星座构型的相对保持策略。通过 STK 仿真软件对绝对相位保持策略和相对相位保持策略进行了数学仿真，结果表明相对相位保持策略可以克服各种轨道摄动作用对星座构型整体影响的控制需求，比绝对构型保持方法节省推进剂 $67\% \sim 80\%$，更适用于探测星座的构型保持任务。

第7章 星座部署与构型保持决策系统的设计与实现

7.1 引言

在探测星座的部署阶段和业务运行阶段，需要根据地面测控网预报的卫星轨道参数制定星座部署策略和构型保持策略，并对施加控制后的效果进行验证和评估。因此，需要研制开发探测星座部署与构型保持决策系统，并进行仿真验证。

7.2 组成与功能设计

为了满足星座部署策略和构型保持策略验证需求，并满足星座部署和构型保持控制的工程需求，星座部署与构型保持决策系统应具有以下几个方面的功能需求：

1）具有实现星座部署与构型保持两种仿真分析功能；

2）具有适用于星座部署仿真和构型保持仿真的参数设置与仿真控制功能，为用户提供操作简单、清晰美观的仿真控制界面；

3）具有相对相位偏差、相对升交点赤经偏差、轨道机动控制序列、推进剂消耗量的统计分析与显示功能；

4）具有根据一段时间内的轨道数据，进行部署策略和构型保持策略分析，提出合理策略功能；

5）具有根据轨道机动控制序列进行轨道计算的能力；

6）仿真数据管理功能，对仿真获得的轨道数据、轨道机动控制序列、推进剂消耗量等仿真数据进行管理和存储；

7）具有动态显示卫星运动轨迹的功能；

8）具有网络通信功能，可以与独立的可视化软件结合，动态显示仿真过程中各颗卫星的运行轨迹。

本系统由 Matlab 仿真软件进行搭建，提供星座部署仿真与星座构型保持仿真两种工作模式，使用人员根据需求选择相应软件，各软件通过仿真设置进行相应的仿真计算，并显示计算结果，处理流程如图 7-1 所示。

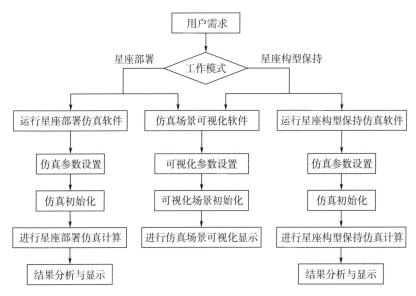

图 7-1　仿真处理流程示意图

探测星座部署与构型保持决策系统软件由 8 个功能模块组成，结构如图 7-2 所示，主要有仿真调度与数据管理模块、用户交互功能模块、轨道预报模块、星座部署策略模块、星座构型保持策略模块、轨道仿真模块、数据可视化功能模块、网络通信接口功能模块。

用户交互功能模块为使用人员提供良好的操作界面，仿真调度与数据管理模块负责协调组织仿真系统各功能模块的输入输出及数

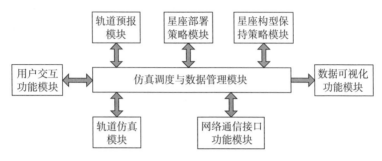

图 7-2 软件功能框图

据存储，轨道预报模块与轨道仿真模块进行轨道数据计算，星座部署策略模块与星座构型保持策略模块提供相应的策略算法，数据可视化模块为使用人员提供良好的仿真结果显示与场景可视化显示。由这 8 个模块集成探测星座部署与构型保持决策系统的以下 3 个软件：

1）掩星大气探测星座部署仿真软件；

2）掩星大气探测星座构型保持仿真软件；

3）仿真场景可视化软件。

各软件组成与功能基本描述见表 7-1。

表 7-1 软件组成与功能描述表

名称	功能描述
掩星大气探测星座部署仿真软件	进行星座部署策略设计仿真，并对设计结果进行仿真验证
掩星大气探测星座构型保持仿真软件	进行星座构型保持策略设计仿真，并对设计结果进行仿真验证
仿真场景可视化软件	星座部署和星座构型保持仿真场景动态可视化

各软件主界面分别如图 7-3～图 7-5 所示。

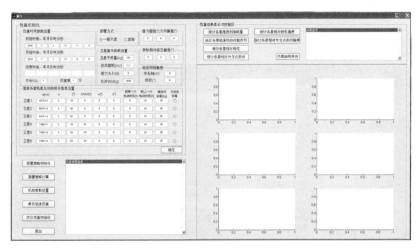

图 7-3　星座部署仿真软件主界面

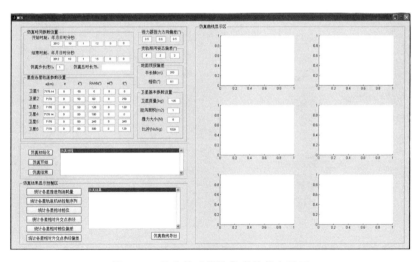

图 7-4　星座构型保持仿真软件主界面

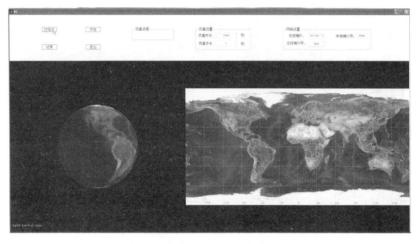

图 7 - 5　仿真场景可视化软件主界面

　　探测星座部署与构型保持决策系统部分由两台 Dell R5500 工作站组成，一台用来运行掩星大气探测星座部署仿真软件和掩星大气探测星座构型保持仿真软件，另一台用来运行仿真场景可视化软件，如图 7 - 6 所示。

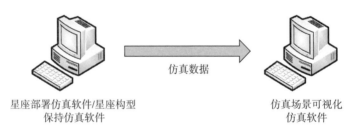

图 7 - 6　掩星大气探测星座部署与构型保持决策系统软件组成

　　掩星大气探测星座部署与构型保持决策系统实物图如图 7 - 7 所示。此外，为了使本系统便于扩展，提供了网络通信接口功能模块，可与具有卫星运行状态可视化显示功能的可视化软件建立网络通信。

　　　　（a）　　　　　　　　　　　　　　　　（b）

图 7 - 7　掩星大气探测星座部署与构型保持决策系统实物图

7.3　工作模式设计

　　星座部署与构型保持仿真验证系统可提供两种工作模式，即掩星星座部署仿真和掩星星座构型保持仿真。仿真过程中，系统可根据用户选择的工作模式，进行相应不同的仿真计算。

7.3.1　星座部署仿真工作模式设计

　　星座部署仿真工作模式可以进行掩星星座部署策略的仿真验证，按仿真步骤的先后顺序，掩星星座部署仿真的逻辑流程如图 7 - 8 所示。

　　掩星星座部署仿真流程主要为：

　　1）根据用户的参数设置进行仿真初始化，得到初始时刻的各星轨道数据；

　　2）星座部署策略模块根据仿真设置及各星轨道数据，进行 N 天的星座部署策略设计，判断 N 天内是否有卫星需要进行轨道机动，若有，则计算各星变轨时序；

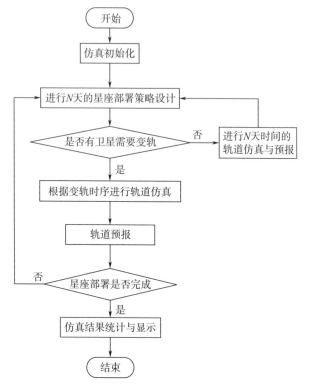

图 7 - 8　掩星星座部署仿真流程图

3）若 N 天内没有卫星需要变轨，则进行无推力作用下一天的轨道仿真与预报，将 1 天最后时刻的轨道预报数据作为星座部署策略设计新的输入条件，再进行 N 天的星座部署策略设计；

4）若 N 天内有卫星需要变轨，则根据一天的变轨时序进行轨道仿真与轨道预报，仿真至卫星首次共面圆变轨结束，即进行两次推力器开关机，输出轨道仿真结束时刻各星轨道数据；

5）根据各星轨道数据判定星座部署是否完成，若为否，则将各星轨道数据传至星座部署策略模块，再一次进行星座部署策略设计，若为是，则进行仿真结果统计与显示，本次仿真结束。

参与星座部署仿真的功能模块主要有：仿真调度与数据管理功

能模块、用户交互功能模块、星座部署策略模块、轨道仿真模块、轨道预报模块、数据可视化功能模块。

根据本书前文描述的星座部署仿真工作模式仿真流程,设计各功能模块数据流如图 7-9 所示,各功能模块由仿真调度与数据管理功能模块负责协调控制。

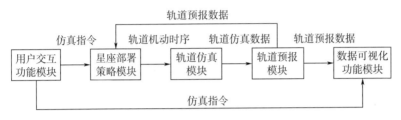

图 7-9　功能模块数据流图

7.3.2　掩星星座构型保持仿真工作模式设计

星座构型保持仿真工作模式可以进行掩星星座构型保持策略的仿真验证,按仿真步骤的先后顺序,掩星星座构型保持仿真的逻辑流程如图 7-10 所示。

掩星星座构型保持仿真流程主要为:

1)根据用户的参数设置进行仿真初始化,得到初始时刻的各星轨道数据;

2)星座构型保持策略模块根据各星轨道数据判断是否需要构型保持轨道调整,若需要,则计算出调整卫星序号及变轨时序;

3)若没有卫星需要变轨,则进行无推力作用下的轨道仿真与预报,将轨道预报数据作为下一次星座构型保持策略设计的输入条件;

4)若有卫星需要变轨,则根据变轨时序进行轨道仿真与轨道预报,仿真至变轨卫星变轨结束,输出轨道变轨结束时刻各星轨道数据;

5)判定是否到达仿真结束时间,若为否,则将各星轨道数据传至星座构型保持策略模块,再一次进行星座构型保持策略设计,若为是，则进行仿真结果统计与显示，本次仿真结束。

　　进行掩星星座构型保持仿真的功能模块主要有：仿真调度与数据管理功能模块、用户交互功能模块、星座构型保持策略模块、轨道仿真模块、轨道预报模块、数据可视化功能模块。

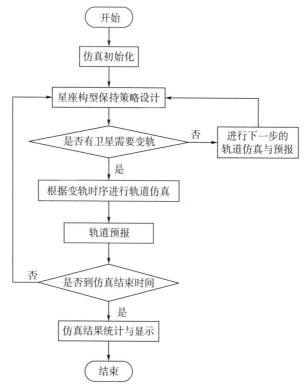

图 7-10　掩星星座构型保持仿真流程图

　　根据本书前文描述的星座构型保持仿真工作模式仿真流程，设计各功能模块数据流如图 7-11 所示，各功能模块由仿真调度与数据管理功能模块负责协调控制。

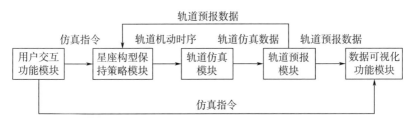

图 7 - 11　功能模块数据流图

7.4　功能模块设计

7.4.1　仿真调度与数据管理模块

该模块是各功能模块的枢纽,负责根据用户需求组织调度各功能模块完成仿真任务;存储并管理轨道数据、部署策略或构型保持策略计算出的轨道机动控制序列、推进剂消耗量等仿真数据;提供可用于系统扩展的网络通信与掩星探测性能分析接口模块。

该模块与其他模块均具有输入输出关系,其输入项见表 7 - 2。

表 7 - 2　仿真调度与数据管理模块输入项

功能类型	输入项
仿真调度	用户各项操作指令、各模块仿真状态信息
数据管理	各模块仿真生成的各项数据

该模块输出项见表 7 - 3。

表 7 - 3　仿真调度与数据管理模块输出项

功能类型	输出项
仿真调度	向各功能模块发送的各项操作指令、向用户交互模块发送的仿真状态参数
数据管理	向各模块发送的各项仿真数据

仿真调度与数据管理模块负责其他模块的组织协调以及仿真数据的存储管理,该模块在仿真过程中与其他工作模块的流程逻辑如图 7 - 12 所示。

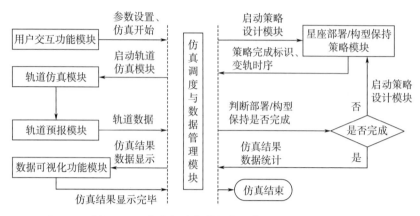

图 7 - 12　仿真调度与数据管理模块流程逻辑图

7.4.2　用户交互功能模块

该模块为用户提供一个友好的操作界面，用户可通过操作界面进行以下操作：

1）设置仿真初始参数；

2）仿真控制，根据用户的选择，启动星座部署仿真或星座构型保持仿真工作模式；

3）仿真结果显示。

用户交互功能模块的输入项为使用人员的各项操作，见表 7 - 4。

表 7 - 4　用户交互功能模块输入项

操作类型	操作项	输入项
仿真初始参数设置	仿真参数设置	初始时刻、开始时刻、结束时刻、仿真步长
	星座构型参数设置	半长轴、偏心率、倾角、卫星数、升交点赤经间隔、相位因子、基准星升交点赤经、基准星近地点幅角、基准星真近点角
	卫星基本参数	卫星干质量、迎风面积、推力大小、比冲
	偏差参数	推力器推力方向偏差、变轨期间姿态偏差、地面预报偏差

续表

操作类型	操作项	输入项
仿真控制	部署策略 初始化	部署基准星、标称构型相对升交点赤经、相对相位、停泊轨道 相对工作轨道高/低、STK 设置提示
	部署策略计算	启动标识
	机动参数设置	开始时间、结束时间、卫星编号、推力方向
	单日轨道仿真	启动标识
	退出	退出标识
仿真结果 统计分析	各项统计 分析启动键	各项统计分析启动标识

7.4.3　星座部署策略模块

该模块对轨道预报模块提供的轨道数据进行分析，提出满足星座部署指标要求的轨道机动控制序列。

模块的输入项包括：各颗卫星各时刻的轨道根数（时间、半长轴、倾角、升交点赤经、偏心率、近地点幅角、真近点角）。

模块的输出项包括：卫星编号及对应变轨时序，即各星推力器作用的起止时间数组。

星座部署策略模块的流程逻辑如图 7－13 所示。

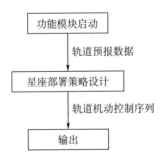

图 7－13　星座部署策略模块流程逻辑图

7.4.4　星座构型保持策略模块

该模块对轨道预报模块提供的轨道数据进行分析，提出满足星座构型保持指标要求的轨道机动控制序列。

模块的输入项包括：各颗卫星各时刻的轨道根数（半长轴、倾角、升交点赤经、偏心率、近地点幅角、真近点角、纬度幅角）。

模块的输出项包括：卫星编号及对应变轨时序，即各星推力器作用的起止时间数组。

星座构型保持策略模块流程逻辑如图 7 - 14 所示。

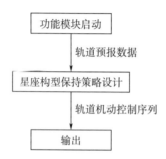

图 7 - 14　星座构型保持策略模块流程逻辑图

7.4.5　轨道仿真模块

该模块基于轨道动力学模型、卫星推力模型进行轨道参数计算，根据星座部署策略模块或星座构型保持策略模块提供的策略，模拟真实卫星飞控状态，进行轨道仿真计算。

模块的输入项为各颗卫星初始轨道根数及对应的轨道机动控制序列。

模块的输出项包括：各颗卫星各时刻的轨道根数、各颗卫星的相对相位偏差、相对升交点赤经偏差。

（1）高精度轨道预报算法（HPOP）

采用 HPOP 模型，可以根据中心天体的引力场模型、中心天体体固系与惯性系转换关系以及质点初始位置速度，预报质点在惯性系下的位置、速度与加速度。计算方法如下：

记质点在惯性系下的位置为 r_I，在中心天体体固系下的惯性加速度 a_E，惯性系到中心天体体固系的坐标旋转矩阵为 C_{EI}，反之为 C_{IE}，则有

$$\ddot{r}_I = C_{IE}\, a_E(C_{EI} r_I) \tag{7-1}$$

式中，求导为在惯性系下的导数，括号表示 a_E 为 $C_{EI} r_I$ 的函数，将上式积分即可得到质点在惯性系下的位置速度。

（2）由经典轨道参数计算笛卡尔参数算法

采用上述 HPOP 模型进行轨道计算时，其输入参数为惯性系下的位置速度，而本仿真系统采用的是经典轨道参数（即轨道六要素），因此进行轨道仿真时需要将输入参数由经典轨道参数转化为笛卡尔参数（即惯性系下的位置、速度）。计算方法如下：

位置矢量为

$$r = r\cos f \cdot P + r\sin f \cdot Q \tag{7-2}$$

其中

$$P = \begin{bmatrix} \cos\Omega\cos\omega - \sin\Omega\sin\omega\cos i \\ \sin\Omega\cos\omega + \cos\Omega\sin\omega\cos i \\ \sin\omega\sin i \end{bmatrix} \tag{7-3}$$

$$Q = \begin{bmatrix} -\cos\Omega\sin\omega - \sin\Omega\cos\omega\cos i \\ -\sin\Omega\sin\omega + \cos\Omega\cos\omega\cos i \\ \cos\omega\sin i \end{bmatrix} \tag{7-4}$$

式中　r ——地心距；

f ——真近点角；

Ω ——升交点赤经；

ω ——近地点幅角；

i ——轨道倾角。

速度矢量为

$$\dot{r} = -\frac{h}{p}\sin f \cdot P + \frac{h}{p}(e + \cos f) \cdot Q \tag{7-5}$$

式中　h——单位质量动量矩（$h > 0$）；

　　　　p——圆锥曲线半通径（$p > 0$）。

　　对于非抛物线轨道，通径 p 为

$$p = a(1 - e^2) \qquad (7-6)$$

式中　a——圆锥曲线半长轴（$-\infty < a < +\infty$）；

　　　　e——圆锥曲线偏心率（$e \geqslant 0$）。

　　对于抛物线轨道，h 作为输入，通径 p 为

$$p = \frac{h^2}{\mu_E} \qquad (7-7)$$

式中　μ_E——地球引力常数。

　　地心距 r 为

$$r = \frac{p}{1 + e\cos f} \qquad (7-8)$$

　　对于抛物线轨道，h 作为输入值，对于非抛物线轨道，单位质量动量矩 h 为

$$h = \sqrt{p\mu_E} \qquad (7-9)$$

　　（3）由笛卡尔参数计算经典轨道参素算法

　　采用上述 HPOP 模型进行轨道计算时，其输出参数为惯性系下的位置速度，而本仿真系统采用的是经典轨道参数（即轨道六要素），因此进行轨道仿真时需要将输出参数由笛卡尔参数（即惯性系下的位置、速度）转化为经典轨道参数。计算方法如下。

　　动量矩 $\boldsymbol{h}$ 为

$$\boldsymbol{h} = \boldsymbol{r} \times \dot{\boldsymbol{r}} \qquad (7-10)$$

式中，$h = |\boldsymbol{h}|$，为单位质量动量矩，$h > 0$。

　　设 i 为轨道倾角，$0 \leqslant i < \pi$；Ω 为升交点赤经，$0 \leqslant \Omega < 2\pi$

$$\begin{cases} \cos i = h_Z/h \\ \tan\Omega = -h_X/h_Y \end{cases} \qquad (7-11)$$

其中，$h \neq 0$；当 $h_X = h_Y = 0(i = 0)$ 时，$\Omega = 0$；当 $i \neq 0$，$\sin\Omega$ 符号与 h_X 符号相同，由此确定 Ω 所在象限。

偏心率 e 为

$$e = \frac{1}{\mu_E}(\dot{r} \times h) - \frac{r}{r} \tag{7-12}$$

式中，$e = |e|$，为圆锥曲线偏心率，$e \geqslant 0$。

圆锥曲线半长轴 a 为

$$a = \frac{h_2}{\mu_E(1-e^2)}(e \neq 1) \tag{7-13}$$

纬度幅角 u 为：当 $i \neq 0$ 时

$$\tan u = \frac{Z}{(Y\sin\Omega + X\cos\Omega)\sin i} \tag{7-14}$$

式中，$u \in [0, 2\pi)$，$\sin u$ 符号与 Z 符号相同，由此确定 u 所在象限。

近地点幅角 ω 为：当 $i \neq 0$ 时

$$\tan\omega = \frac{e_Z}{(e_Y\sin\Omega + e_X\cos\Omega)\sin i} \tag{7-15}$$

式中，$\omega \in [0, 2\pi)$，$\sin\omega$ 符号与 e_Z 符号相同，由此确定 ω 所在象限。当轨道为近圆轨道时，e 为极小值，则此公式为奇异的。

为解决上述问题，设两个判断阈值 e_{low}、e_{up}，近地点幅角 ω 满足与 e_{low}、e_{up} 存在以下关系：

1）当 $e < e_{low}$ 时，$\omega = u$；

2）当 $e > e_{up}$ 时

$$\tan\omega = \frac{e_Z}{(e_Y\sin\Omega + e_X\cos\Omega)\sin i} \tag{7-16}$$

3）当 $e_{low} \leqslant e \leqslant e_{up}$ 时，ω 保持原来数值。

ω 与 e_{low}、e_{up} 的关系如图 7-15 所示。

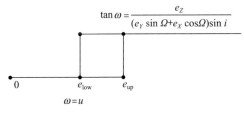

图 7-15　ω 与 e 的关系示意图

真近点角 f 为

$$f = u - \omega \qquad\qquad (7-17)$$

式中，$f \in [0, 2\pi)$ 。

该模块根据策略模块提供的轨道机动时序进行轨道仿真，流程逻辑如图 7 - 16 所示。

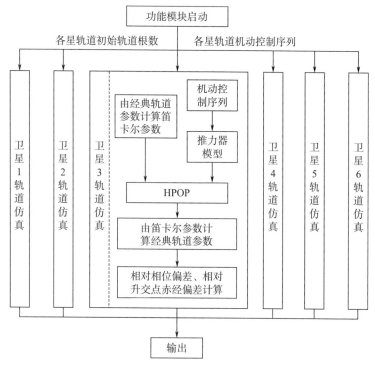

图 7 - 16　轨道仿真模块流程逻辑图

7.4.6　轨道预报模块

该模块基于轨道预报模型进行轨道参数计算，为星座部署策略模块或星座构型保持策略模块提供输入参数。

模块的输入项为轨道仿真计算的轨道根数。

模块的输出项包括：各颗卫星的轨道根数（半长轴、倾角、升交点赤经、偏心率、近地点幅角、真近点角、纬度幅角）。

轨道预报模块根据轨道仿真计算的各星轨道根数,考虑轨道预报误差,对各星轨道的轨道预报情况进行仿真,仿真流程逻辑如图7-17所示。

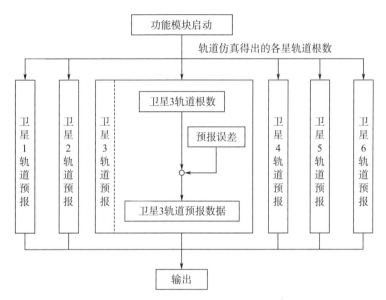

图 7-17 轨道预报模块流程逻辑图

7.4.7 数据可视化功能模块

该模块可显示仿真分析结果与各星运动状态。

模块的输入项包括:各颗卫星的相对相位偏差、相对升交点赤经偏差、轨道机动控制序列、推进剂消耗量、各星轨道数据。

模块的输出项包括:各颗卫星的相对相位偏差仿真、相对升交点赤经偏差、轨道机动控制序列、推进剂消耗量的数据显示与仿真曲线、各星运动状态三维/二维显示。

7.4.8 网络通信接口功能模块

该模块为后续系统扩展网络通信功能提供接口,具有向可视化软件发送仿真数据的功能。

模块的输入项包括：各颗卫星各时刻 $J2000$ 惯性坐标系的位置、速度。

模块的输出项包括：向可视化显示节点发送各颗卫星各时刻 $J2000$ 惯性坐标系的位置、速度数据。

7.5　仿真试验

7.5.1　星座部署决策试验

为验证星座部署各项性能指标要求，需进行一次完整的星座部署仿真过程，星座部署仿真试验流程如图7-18所示。

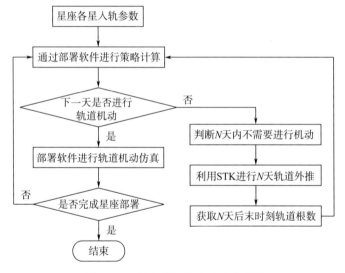

图 7-18　星座部署仿真试验流程图

（1）入轨调整阶段

设定星座入轨时刻为 Jul 1 2016 12：00：00 UTCG，星座各星入轨参数见表7-5。

表 7 - 5　星座各星入轨参数

卫星序号	半长轴/km	偏心率	倾角/(°)	升交点赤经/(°)	近地点角/(°)	真近点角/(°)
卫星 A	6 888.14	0	51	0	0	0
卫星 B	6 888.14	0	51	0	0	0
卫星 C	6 888.14	0	51	0	0	0
卫星 D	7 508.14	0	51	0	0	0
卫星 E	7 508.14	0	51	0	0	0
卫星 F	7 508.14	0	51	0	0	0

根据星座各星入轨参数及相关仿真参数，进行星座部署仿真软件的参数设置，通过部署策略计算知道，预计自开始时刻后，约 27 天内星座不需要进行轨道机动。

由部署软件的仿真提示可知，可以利用 STK 软件进行 27 天的轨道外推，将 27 天后各星轨道根数作为基准星轨道机动阶段的仿真初始条件。

（2）基准星（卫星 D）轨道机动阶段

STK 外推得到的 Jul 28 2016 12：00：00 UTCG 各星轨道根数见表 7 - 6。根据表中各星轨道参数进行仿真设置，进行基准星（卫星 D）的轨道机动仿真。

表 7 - 6　卫星 D 轨道机动阶段仿真第一天各星初始轨道参数

卫星序号	半长轴/km	偏心率	倾角/(°)	升交点赤经/(°)	近地点角/(°)	真近点角/(°)
卫星 A	6 878.137 8	0.001 93	49.937	226.486	8.529	243.271
卫星 B	6 878.137 8	0.001 93	49.937	226.486	8.529	243.271
卫星 C	6 878.137 8	0.001 93	49.937	226.486	8.529	243.271
卫星 D	7 489.888 2	0.000 91	49.880	261.451	2.185	241.293
卫星 E	7 489.888 2	0.000 91	49.880	261.451	2.185	241.293
卫星 F	7 489.888 2	0.000 91	49.880	261.451	2.185	241.293

经过 7 天仿真，基准星完成部署，推进剂余量为 10.789 3 kg。在 Aug 4 2016 12：00：00 UTCG 时刻各星的瞬时轨道根数见表7 - 7。

表 7 - 7　卫星 D 完成部署后瞬时轨道参数

卫星序号	半长轴/km	偏心率	倾角/(°)	升交点赤经/(°)	近地点角/(°)	真近点角/(°)
卫星 A	6 877.657	0.002 012	50.941 8	191.937 3	50.232 9	213.137 8
卫星 B	6 877.657	0.002 012	50.941 8	191.937 3	50.232 9	213.137 8
卫星 C	6 877.657	0.002 012	50.941 8	191.937 3	50.232 9	213.137 8
卫星 D	7 193.634 9	0.000 347 17	50.923	233.196 9	40.051 5	136.177
卫星 E	7 507.133 2	0.000 743 01	50.915 2	235.857 6	52.857 9	106.296
卫星 F	7 507.133 2	0.000 743 01	50.915 2	235.857 6	52.857 9	106.296

由部署软件的仿真提示知道，25 天内星座不需要进行轨道机动，即距下颗卫星部署至少需要 25 天时间，接着利用 STK 软件根据该结束时刻的各星轨道瞬根数进行 25 天的轨道外推，然后进行卫星 A 的轨道机动阶段。

（3）卫星 A 轨道机动阶段

利用 STK 软件进行轨道外推，在 Aug 28 2016 12：00：00 UTCG 时刻各星的瞬时轨道根数见表 7 - 8，以此作为卫星 A 轨道机动阶段初始轨道参数，通过星座部署仿真软件进行星座部署仿真。

表 7 - 8　卫星 A 轨道机动阶段仿真第一天初始轨道参数

卫星序号	半长轴/km	偏心率	倾角/(°)	升交点赤经/(°)	近地点角/(°)	真近点角/(°)
卫星 A	6 879.147 177	0.001 588	51.062	73.477	107.525	204.924
卫星 B	6 879.147 177	0.001 588	51.062	73.477	107.525	204.924
卫星 C	6 879.147 177	0.001 588	51.062	73.477	107.525	204.924
卫星 D	7 188.264 154	0.002 252	51.051	131.448	67.640	67.700
卫星 E	7 505.442 590	0.001 521	51.037	148.301	48.116	279.329
卫星 F	7 405.442 590	0.001 521	51.037	148.301	48.116	279.329

经过 7 天仿真，卫星 A 完成部署，卫星 A 与基准星（卫星 D）在 Sep 4 2016 12：00：00 UTCG 时刻的瞬时相对升交点赤经为 59.952 8°，瞬时相对相位为 119.779 7°，推进剂余量为 10.669 3 kg。该时刻各星的瞬时轨道根数见表 7 - 9。

表 7 - 9　卫星 A 完成部署后瞬时轨道参数

卫星序号	半长轴/km	偏心率	倾角/(°)	升交点赤经/(°)	近地点角/(°)	真近点角/(°)
卫星 A	7 183.119 7	0.001 858 3	51.021 5	41.864 3	106.666 2	150.958 9
卫星 B	6 875.531 6	0.001 863 4	51.016 9	38.955 7	105.984	144.605 7
卫星 C	6 875.531 6	0.001 863 4	51.016 9	38.955 7	105.984	144.605 7
卫星 D	7 188.915 5	0.002 348 4	51.074 7	101.817 1	81.629 3	55.775 5
卫星 E	7 500.945 2	0.001 927 7	51.051 2	122.838	67.494 2	173.305
卫星 F	7 500.945 2	0.001 927 7	51.051 2	122.838	67.494 2	173.305

　　采用平根数表示的卫星 A 部署精度见表 7 - 10。由部署软件的仿真提示可知,58 天内星座不需要进行轨道机动,即距下颗卫星部署至少需要 58 天时间,因此接下来利用 STK 软件根据该结束时刻的各星轨道瞬根数进行 58 天的轨道外推,然后进行卫星 E 的轨道机动阶段。

表 7 - 10　卫星 A 部署精度

项目	升交点赤经/(°)	相位/(°)
卫星 A	41.934	257.562
卫星 D	101.920	137.171
仿真相对值	59.986	239.609
标称相对值	60	240
偏差	0.014	0.391

（4）卫星 E 轨道机动阶段

　　根据卫星 A 部署结束时给出的仿真信息,利用 STK 软件进行 58 天轨道外推,将其进行部署策略计算发现,还需要进行 5 天的轨道外推。

　　利用 STK 软件外推得到 Nov 6 2016 12：00：00 UTCG 时刻的各星轨道数据见表 7 - 11,将其作为卫星 E 轨道机动阶段仿真第一天初始轨道参数,进行星座部署仿真。

表 7 - 11　卫星 E 轨道机动阶段仿真第一天初始轨道参数

卫星序号	半长轴/km	偏心率	倾角/(°)	升交点赤经/(°)	近地点角/(°)	真近点角/(°)
卫星 A	7 186.432 4	0.000 997	51.031	134.615	46.307	261.645
卫星 B	6 863.214 2	0.001 288	51.063	86.363	39.960	188.473
卫星 C	6 863.214 2	0.001 288	51.063	86.363	39.960	188.473
卫星 D	7 191.287 7	0.003 13	50.967	194.776	32.763	118.989
卫星 E	7 508.362 6	0.000 851	50.909	253.117	181.765	346.197
卫星 F	7 508.362 6	0.000 851	50.909	253.117	181.765	346.197

经过 7 天仿真，基准星完成部署，卫星 E 与基准星（卫星 D）在 Nov 11 2016 12：00：00 UTCG 时刻的瞬时相对升交点赤经为 59.938 9°，瞬时相对相位为 240.172 5°，推进剂余量为 11.032 2 kg。该时刻各星的瞬时轨道根数见表 7 - 12。

表 7 - 12　卫星 E 完成部署后瞬时轨道参数

卫星序号	半长轴/km	偏心率	倾角/(°)	升交点赤经/(°)	近地点角/(°)	真近点角/(°)
卫星 A	7 183.613 1	0.001 334 6	51.040 1	113.448 2	38.924 8	67.785 4
卫星 B	6 859.167 2	0.001 102 1	51.041 8	61.468 7	65.978 7	7.872 6
卫星 C	6 859.167 2	0.001 102 1	51.041 8	61.468 7	65.978 7	7.872 6
卫星 D	7 186.968 3	0.003 197 6	50.984 8	173.579 9	38.923 4	267.778 9
卫星 E	7 193.540 7	0.000 788 02	50.926 2	233.518 8	214.730 2	332.144 6
卫星 F	7 507.359 7	0.000 365 78	50.917 9	234.858 4	166.201	349.925 4

采用平根数表示的卫星 E 部署精度见表 7 - 13。

表 7 - 13　卫星 E 部署精度

项目	升交点赤经/(°)	相位/(°)
卫星 E	233.636	186.885
卫星 D	173.711	307.014
仿真相对值	59.925	239.871
标称相对值	60	240
偏差	0.075	0.129

由部署软件的仿真提示知道，8 天内星座不需要进行轨道机动，即距下颗卫星部署至少需要 8 天时间，因此接下来利用 STK 根据该结束时刻的各星轨道瞬根数进行 8 天的轨道外推，然后进行卫星 B 的轨道机动阶段。

（5）卫星 B 轨道机动阶段

根据卫星 E 部署结束时给出的仿真信息，利用 STK 进行 8 天轨道外推得到 Nov 19 2016 12：00：00 UTCG 时刻的各星轨道数据见表 7 - 14，将其作为卫星 B 轨道机动阶段仿真第一天初始轨道参数，进行星座部署仿真。

表 7 - 14　卫星 B 轨道机动阶段仿真第一天初始轨道参数

卫星序号	半长轴/km	偏心率	倾角/(°)	升交点赤经/(°)	近地点角/(°)	真近点角/(°)
卫星 A	7 189.782 591	0.001 141	51.073	79.612	70.648	144.521
卫星 B	6 856.050 136	0.002 269	50.990	21.605	80.330	188.935
卫星 C	6 856.050 136	0.002 269	50.990	21.605	80.330	188.935
卫星 D	7 187.411 597	0.003 747	51.034	139.735	65.489	345.377
卫星 E	7 184.449 392	0.000 353	50.938	199.564	13.054	279.680
卫星 F	7 506.829 446	0.000 585	50.950	205.701	285.896	282.103

经过 5 天仿真，卫星 B 完成部署，卫星 B 与卫星 A 在 Nov 24 2016 12：00：00 UTCG 时刻的瞬时相对升交点赤经为 59.592 7°，瞬时相对相位为 239.144 3°，推进剂余量为 10.130 7 kg。该时刻各星的瞬时轨道根数见表 7 - 15。

表 7 - 15　卫星 B 完成部署后瞬时轨道参数

卫星序号	半长轴/km	偏心率	倾角/(°)	升交点赤经/(°)	近地点角/(°)	真近点角/(°)
卫星 A	7 193.162 7	0.002 127 2	51.073 1	58.432 5	61.722 7	310.536 8
卫星 B	7 187.567	0.001 907 5	50.972 2	358.839 8	85.418 5	47.696 7
卫星 C	6 860.469 4	0.002 023 4	50.967 7	356.641 3	83.047 1	45.637 1
卫星 D	7 192.075 2	0.003 289 9	51.072 1	118.562 9	81.320 6	124.394 2
卫星 E	7 183.198 4	0.000 909 93	50.965 5	178.387 1	336.940 9	111.659 9

卫星序号	半长轴/km	偏心率	倾角/(°)	升交点赤经/(°)	近地点角/(°)	真近点角/(°)
卫星 F	7 508.668 7	0.000 318 7	50.982 4	187.458 1	291.742 1	263.239 7

采用平根数表示的卫星 B 部署精度见表 7-16。由部署软件的仿真提示知道,72 天内星座不需要进行轨道机动,即距下颗卫星部署至少需要 72 天时间,因此接下来利用 STK 软件根据该结束时刻的各星轨道瞬根数进行 72 天的轨道外推,然后进行卫星 C 的轨道机动阶段。

表 7-16　卫星 B 部署精度

项目	升交点赤经/(°)	相位/(°)
卫星 B	358.901	133.008
卫星 A	58.51	12.473
仿真相对值	59.609	239.465
标称相对值	60	240
偏差	0.391	0.535

(6) 卫星 C 轨道机动阶段

利用 STK 软件进行轨道外推,获得 Feb 4 2017 12：00：00 UTCG 时刻各星的瞬时轨道根数见表 7-17,以此作为卫星 C 轨道机动阶段仿真第一天初始各星轨道参数,进行星座部署仿真。

表 7-17　卫星 C 轨道机动阶段仿真第一天初始轨道参数

卫星序号	半长轴/km	偏心率	倾角/(°)	升交点赤经/(°)	近地点角/(°)	真近点角/(°)
卫星 A	7 182.876 255	0.000 994	51.043	113.118	38.799	222.740
卫星 B	7 188.121 502	0.001 136	51.05	53.558	46.434	356.571
卫星 C	6 842.244 74	0.001 396	50.966	355.623	64.958	251.506
卫星 D	7 187.094 578	0.002 299	50.985	173.423	340.811	71.729
卫星 E	7 187.898 885	0.001 041	50.903	233.267	180.700	132.288
卫星 F	7 499.651 923	0.001 792	50.880	285.059	132.460	153.353

卫星 C 进行 7 天轨道机动后完成部署，在 Feb 11 2017 12：00：00 UTCG 时刻卫星 C 与卫星 B 的瞬时相对升交点赤经为 60.510 7°，瞬时相对相位为 239.663°，推进剂余量为 9.536 6 kg。该时刻各星的瞬时轨道根数见表 7 - 18。

表 7 - 18　卫星 C 完成部署后瞬时轨道参数

卫星序号	半长轴/km	偏心率	倾角/(°)	升交点赤经/(°)	近地点角/(°)	真近点角/(°)
卫星 A	7 183.068 7	0.001 356	51.050 2	83.481	47.54	217.872 6
卫星 B	7 187.251 3	0.001 287 1	51.007 8	23.905 1	55.676 1	353.251 6
卫星 C	7 193.048 1	0.001 949 6	50.933 9	323.394 4	105.699 7	63.565
卫星 D	7 187.456 1	0.002 692 9	51.032 3	143.776 7	8.412 8	43.883 6
卫星 E	7 188.552 6	0.000 804 44	50.941 4	203.575 3	206.758 6	107.817 4
卫星 F	7 509.091	0.001 681 3	50.905	259.530 4	167.287 6	26.518 7

采用平根数表示的卫星 C 部署精度见表 7 - 19。由部署软件的仿真提示知道，2 天内星座不需要进行轨道机动，即距下颗卫星部署至少需要 2 天时间，因此接下来利用 STK 根据该结束时刻的各星轨道瞬根数进行 2 天的轨道外推，然后进入卫星 F 的轨道机动阶段。

表 7 - 19　卫星 C 部署精度

项目	升交点赤经/(°)	相位/(°)
卫星 C	323.462	169.108
卫星 B	23.969	48.995
仿真相对值	60.507	239.887
标称相对值	60	240
偏差	0.507	0.113

（7）卫星 F 轨道机动阶段

利用 STK 软件进行 2 天轨道外推，获得 Feb 13 2017 12：00：00 UTCG 时刻各星的瞬时轨道根数见表 7 - 20，以此作为卫星 F 轨道机动阶段仿真第一天初始各星轨道参数，进行星座部署仿真。

表 7 - 20　卫星 F 轨道机动阶段仿真第一天初始轨道参数

卫星序号	半长轴/km	偏心率	倾角/(°)	升交点赤经/(°)	近地点角/(°)	真近点角/(°)
卫星 A	7 184.405 761	0.001 230	51.052	74.994	21.317	90.715
卫星 B	7 183.342 787	0.001 706	50.982	15.417	50.786	205.052
卫星 C	7 192.571 873	0.002 107	50.921	314.929	70.429	305.669
卫星 D	7 184.090 209	0.003 259	51.031	135.299	17.289	239.681
卫星 E	7 192.812 083	0.001 092	50.969	195.105	169.168	351.042
卫星 F	7 501.127 915	0.000 85	50.882	252.203	152.125	323.418

　　经过 7 天轨道机动后，卫星 F 完成部署，在 Feb 20 2017 12：00：00 UTCG 时刻卫星 F 与卫星 E 的瞬时相对升交点赤经为 59.252 3°，瞬时相对相位为 240.337 2°，推进剂余量为 11.008 7 kg。该时刻各星的瞬时轨道根数见表 7 - 21。采用平根数表示的卫星 F 部署精度见表 7 - 22。

表 7 - 21　卫星 F 完成部署后瞬时轨道参数

卫星序号	半长轴/km	偏心率	倾角/(°)	升交点赤经/(°)	近地点角/(°)	真近点角/(°)
卫星 A	7 184.992 8	0.001 421 1	51.028 1	45.359 6	36.265	77.104 8
卫星 B	7 183.388	0.001 928 4	50.933 9	345.741 9	62.145 4	197.118 3
卫星 C	7 192.411 7	0.001 985 8	50.894 4	285.221	82.554 5	297.734 8
卫星 D	7 184.706 8	0.003 677 5	51.057 4	105.679 8	36.193 6	217.994 8
卫星 E	7 193.053 4	0.000 620 09	51.019 6	165.446 2	171.793 2	347.462 3
卫星 F	7 189.275 6	0.000 963 51	50.916 1	224.698 5	147.504 6	252.088 1

表 7 - 22　卫星 F 部署精度

项目	升交点赤经/(°)	相位/(°)
卫星 F	165.576	159.188
卫星 E	224.819	39.659
仿真相对值	59.243	240.471
标称相对值	60	240
偏差	0.757	0.471

星座部署仿真开始时刻为 Jul 1 2016 12：00：00 UTCG，于 Feb 20 2017 12：00：00 UTCG 时刻星座部署全部完成，共经历 234 天时间。主要试验结果见表 7-23。由试验结果可以看出，星座部署时间在 260 天以内，单星变轨时间在 10 天以内，部署完成后，卫星相对相位偏差和相对升交点赤经偏差均在 1°以内，星座部署仿真的各项性能指标要求均满足。测试显示该仿真系统具有良好的工程实用性。

表 7-23　星座部署仿真试验结果

序号	性能指标要求	试验结果
1	轨道机动时要考虑推力大小与方向偏差	符合
2	根据前次轨道机动结果快速计算下次轨道机动参数	符合
3	完成星座部署后，相对相位偏差≤1°，相对升交点赤经偏差≤1°	卫星 A：相对相位偏差 0.39°，相对升交点赤经偏差 0.01°。卫星 B：相对相位偏差 0.54°，相对升交点赤经偏差 0.39°。卫星 C：相对相位偏差 0.11°，相对升交点赤经偏差 0.51°。卫星 E：相对相位偏差 0.13°，相对升交点赤经偏差 0.08°。卫星 F：相对相位偏差 0.47°，相对升交点赤经偏差 0.76°
4	单星从停泊轨道到工作轨道的变轨时间≤10 天	卫星 A：7 天。卫星 B：5 天。卫星 C：7 天。卫星 D：7 天。卫星 E：7 天。卫星 F：7 天
5	星座部署时间≤260 天	234 天

7.5.2　星座构型保持决策试验

为验证星座构型保持仿真各项性能指标要求，需利用星座构型保持决策系统进行构型保持仿真试验。星座构型保持仿真试验主要针对相对升交点赤经保持和相对相位保持两个方面。根据星座构型相对保持策略算法可知，通过初轨调整，减小轨道倾角入轨偏差，可以保证星座相对升交点赤经在任务寿命期内保持在指标范围内，因此相对升交点赤经保持可通过初轨调整实现。相对升交点赤经保持仿真试验具体流程为：

1）根据入轨精度，在 $|\Delta i| \leqslant 0.1°$ 范围内随机产生 6 个轨道倾角，作为 6 颗星入轨时初始轨道倾角；

2）依据初始轨道倾角设置仿真场景，其余轨道根数选取标称值，进行 5 年轨道长期外推仿真，计算各星相对升交点赤经偏差并进行分析；

3）基于星座构型保持策略进行轨道倾角入轨调整，根据调整后倾角设置仿真场景，进行 5 年轨道长期外推，计算各星相对升交点赤经偏差并进行分析，以验证星座构型保持策略对相对升交点赤经保持的有效性。

星座各星轨道标称倾角为 51°，在 $|\Delta i| \leqslant 0.1°$ 范围内随机产生 6 个轨道倾角，见表 7 - 24。

表 7 - 24　各星轨道倾角

卫星序号	卫星 A	卫星 B	卫星 C	卫星 D	卫星 E	卫星 F
倾角/(°)	51.05	50.95	50.98	51.02	51.04	50.96

根据各星轨道倾角进行仿真场景设置，各星轨道初始轨道根数见表 7 - 25。

表 7 - 25　相对升交点赤经保持仿真测试用例

卫星序号	半长轴/km	偏心率	倾角/(°)	升交点赤经/(°)	近地点角/(°)	真近点角/(°)
卫星 A	7 188.14	0	51.05	0	0	0
卫星 B	7 188.14	0	50.95	60	0	240
卫星 C	7 188.14	0	50.98	120	0	120
卫星 D	7 188.14	0	51.02	180	0	0
卫星 E	7 188.14	0	51.04	240	0	240
卫星 F	7 188.14	0	50.96	300	0	120

经过 5 年仿真，各星相对升交点赤经偏差如图 7 - 19 所示。根据仿真结果可知，若不进行轨道倾角入轨调整，则各星相对升交点赤经偏差会超过 10°，将不能满足星座构型保持要求。为此，需要根据星座构型保持策略进行星座入轨倾角调整，并对调整后的仿真结果进行评价分析。

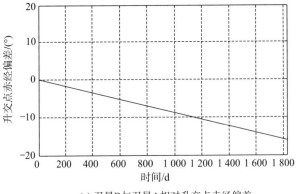

(a) 卫星B与卫星A相对升交点赤经偏差

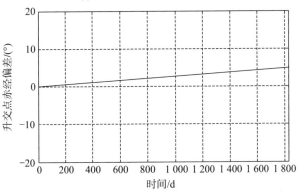

(b) 卫星C与卫星B相对升交点赤经偏差

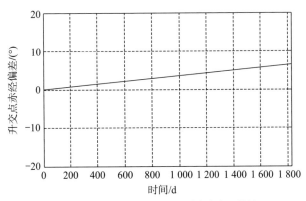

(c) 卫星D与卫星C相对升交点赤经偏差

图 7 - 19　各星相对升交点赤经偏差示意图

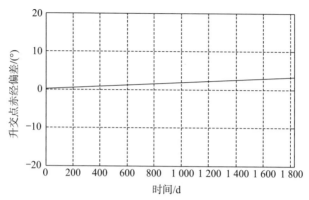

(d) 卫星E与卫星D相对升交点赤经偏差

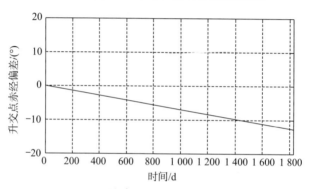

(e) 卫星F与卫星E相对升交点赤经偏差

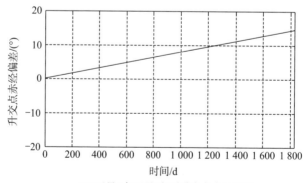

(f) 卫星A与卫星F相对升交点赤经偏差

图 7 - 19　各星相对升交点赤经偏差示意图（续）

依据星座构型保持策略，调整后倾角范围为 50.975 5°～51.024 5°，为验证策略的正确性和有效性，将各星倾角以调整量最小为原则分别进行调整，调整后倾角见表 7 - 26。

表 7 - 26　各星调整后轨道倾角

卫星序号	卫星 A	卫星 B	卫星 C	卫星 D	卫星 E	卫星 F
倾角/(°)	51.024 5	50.975 5	50.98	51.02	51.024 5	50.975 5

根据各星调整后的轨道倾角进行仿真场景设置，通过 5 年仿真，各星相对升交点赤经偏差如图 7 - 20 所示。

由相对升交点赤经仿真试验的试验结果可以看出，通过构型保持策略进行的星座入轨倾角调整，可保证在 5 年时间内将各星间相对升交点赤经偏差控制在要求范围内。

相对相位保持仿真试验具体流程为：

1）设定仿真试验各星轨道根数临界值，即通过对各星运动的基本分析，设计一组星座各星轨道根数，若无构型保持控制，则星座内各星相对相位偏差将会不满足要求；

2）根据设定的仿真试验各星轨道根数临界值，对星座构型保持仿真软件进行初始设置，并启动软件进行一天的仿真试验；

3）仿真结束后，对各星相对相位偏差、相对升交点赤经偏差进行评价分析，以验证星座构型保持策略能否有效地进行星座构型保持控制。

为了验证星座构型保持策略对于相对相位保持的有效性，采用如表 7 - 27 所示的测试用例，当星座在此状态时，由于各星轨道高度的不同，相对相位偏差将会逐渐增大并超过标准值 51°，若策略有效，则各星将在相对相位即将超出标准值时，根据策略计算的机动时序进行轨道机动，使各相对相位偏差保持在要求范围内。

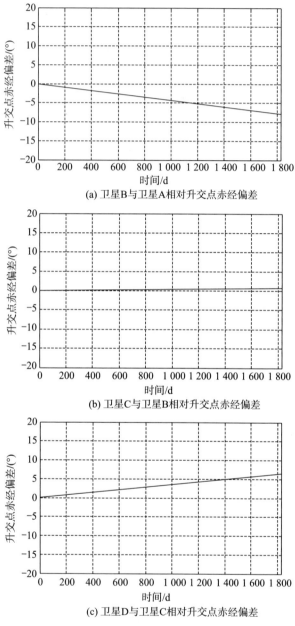

(a) 卫星B与卫星A相对升交点赤经偏差

(b) 卫星C与卫星B相对升交点赤经偏差

(c) 卫星D与卫星C相对升交点赤经偏差

图 7 - 20　各星相对升交点赤经偏差示意图

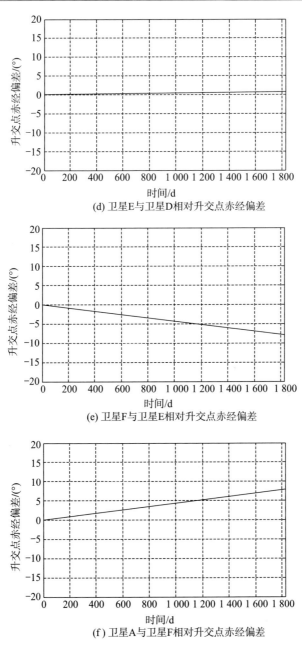

(d) 卫星E与卫星D相对升交点赤经偏差

(e) 卫星F与卫星E相对升交点赤经偏差

(f) 卫星A与卫星F相对升交点赤经偏差

图 7-20　各星相对升交点赤经偏差示意图（续）

表7-27　相对相位保持仿真测试用例

卫星序号	半长轴/km	偏心率	倾角/(°)	升交点赤经/(°)	近地点角/(°)	真近点角/(°)
卫星 A	7 188.14	0	51	0	0	0
卫星 B	7 172	0	51	60	0	288
卫星 C	7 180	0	51	120	0	120
卫星 D	7 188.14	0	51	180	0	0
卫星 E	7 180	0	51	240	0	240
卫星 F	7 168	0	51	300	0	168

经仿真试验，星座构型保持策略能够有效地将星座构型保持在期望范围内，各星相对相位变化情况如图7-21所示。标称各星相

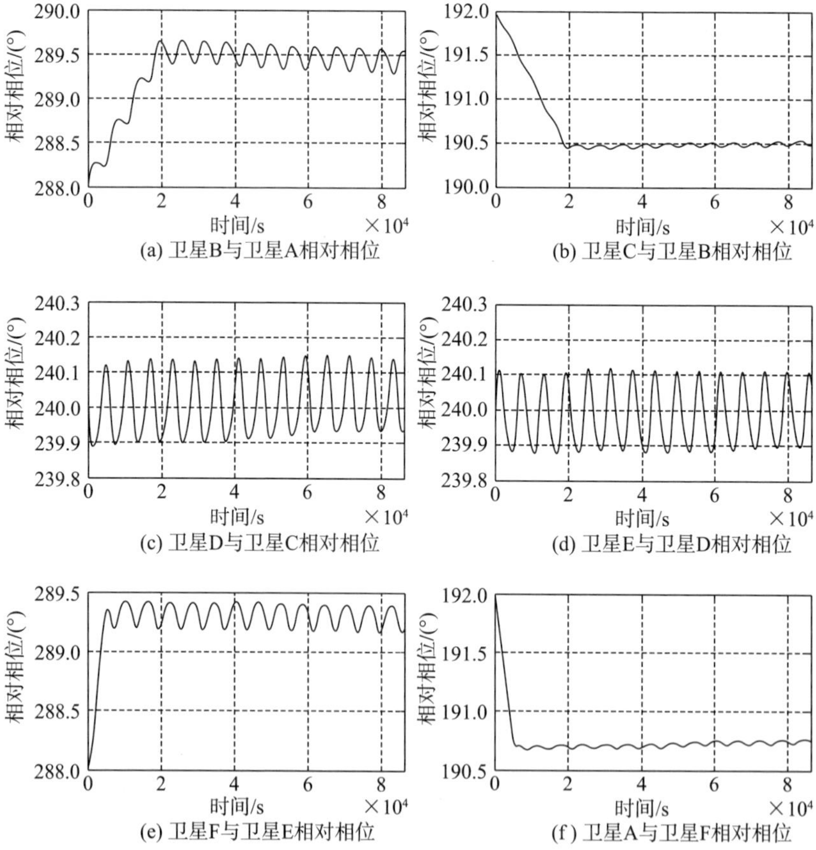

(a) 卫星B与卫星A相对相位

(b) 卫星C与卫星B相对相位

(c) 卫星D与卫星C相对相位

(d) 卫星E与卫星D相对相位

(e) 卫星F与卫星E相对相位

(f) 卫星A与卫星F相对相位

图7-21　各星相对相位变化示意图

对相位为 240°，各星相对相位与标称值的偏差变化如图 7 - 22 所示。各星推进剂消耗情况如图 7 - 23 所示。各星轨道机动控制序列如图 7 - 24所示。

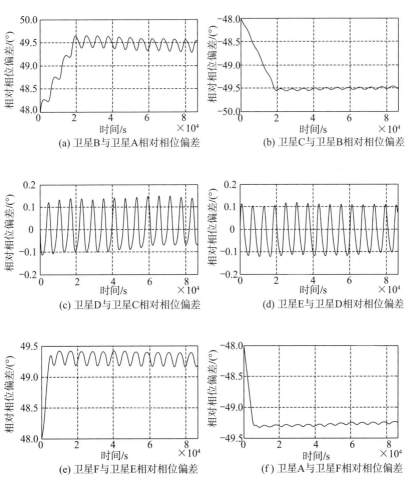

(a) 卫星B与卫星A相对相位偏差　　(b) 卫星C与卫星B相对相位偏差

(c) 卫星D与卫星C相对相位偏差　　(d) 卫星E与卫星D相对相位偏差

(e) 卫星F与卫星E相对相位偏差　　(f) 卫星A与卫星F相对相位偏差

图 7 - 22　各星相对相位偏差变化示意图

由试验结果可知，当星间相对相位偏差接近 50°时，构型保持策略会给出相应机动控制序列，保证星间相对相位维持在许可范围内。

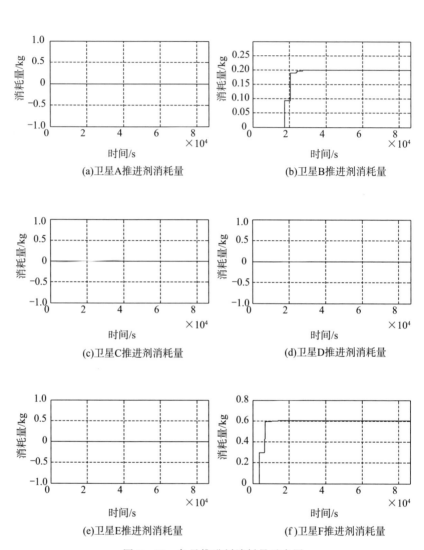

图 7 - 23　各星推进剂消耗量示意图

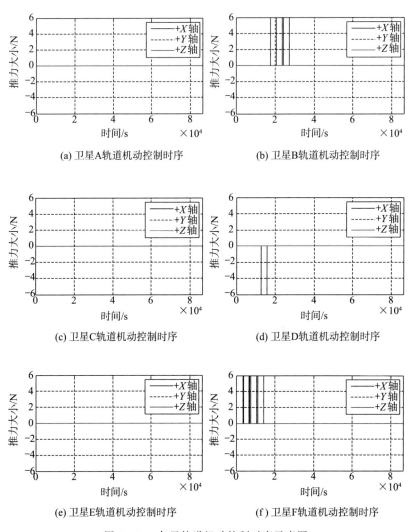

(a) 卫星A轨道机动控制时序　　　　(b) 卫星B轨道机动控制时序

(c) 卫星C轨道机动控制时序　　　　(d) 卫星D轨道机动控制时序

(e) 卫星E轨道机动控制时序　　　　(f) 卫星F轨道机动控制时序

图 7-24　各星轨道机动控制时序示意图

7.6　本章小结

针对 GNSS 掩星大气探测星座部署与构型保持决策仿真系统进行研究。利用 Matlab 仿真软件搭建了以仿真调度与数据管理模块、用户交互功能模块、轨道预报模块、星座部署策略模块、星座构型保持策略模块、轨道仿真模块、数据可视化功能模块和网络通信接口功能模块等 8 个功能模块为主的 GNSS 掩星大气探测部署与构型保持决策与仿真系统。该系统具备实现星座部署仿真分析、制定短期内星座部署策略、制定星座构型保持策略、统计显示卫星轨道机动控制序列、统计显示卫星剩余推进剂以及动态显示星座在轨运行状态等功能，有效解决了 GNSS 掩星大气探测星座部署阶段和业务运行阶段如何及时决策卫星轨道机动策略的问题，具有较强的工程实用价值。

第8章 结论

本书阐述了 GNSS 掩星大气探测的意义，完成了 GNSS 掩星大气探测星座研究发展现状的调研与分析。针对 GNSS 掩星大气探测特性，分析了 GNSS 掩星大气探测星座研究的特点和任务需求，提出了研究的总体框架，给出了轨道动力学模型和轨道参数转换关系。

构建了基于指数大气折射率模型的洋葱型理想大气模型，提出了一种兼顾大气环境背景约束和探测载荷性能约束的改进前向掩星模拟算法，在强化模拟环境真实度的同时，大幅降低了运算量。提出一项"双栅"均匀度评价指标，改善了探测覆盖均匀度评价指标的敏感性和探测星座优化设计目标的不确定性。研制了一套 GNSS 掩星大气探测性能预估仿真系统，作为探测星座迭代设计的辅助工具。

提出了将"星-星-地"GNSS 掩星大气探测几何模型转换为虚拟"星-地"遥感模型的建模方法，推导了星座参数对掩星探测性能的影响关系，并通过数字仿真验证了其正确性。在此基础上提出了一套 GNSS 掩星大气探测星座的设计准则。针对 GPS、BDS、GLONASS 和 Galileo 信源的四种不同组合的 GNSS 掩星大气探测星座优化设计问题，利用改进遗传算法和蚁群算法进行星座参数寻优，提出了一种基于"双栅"评价指标的掩星大气探测星座优化方法，并通过数字仿真验证了该优化设计方法的有效性。

研究了在微小卫星轨道机动性能及航天测控条件约束下的 GNSS 掩星大气探测星座的部署问题，提出了针对一箭多星发射方式的双停泊轨道部署方案，提出了各卫星的轨道机动时序规划方法，并通过数字仿真验证了该部署策略的可行性。

根据星座构型的稳定性和偏差构型的漂移特性，基于最小二乘法，提出了一种玫瑰型探测星座期望构型拟合方法和星座构型的相对保持策略，并通过数字仿真验证了相对构型保持策略的适用性。

　　通过研制 GNSS 掩星大气探测星座部署与构型保持决策仿真系统，有效解决了 GNSS 掩星大气探测星座部署阶段和业务运行阶段如何及时决策卫星轨道机动策略的问题，具有较强的工程实用价值。

参 考 文 献

［1］ 中国科学技术协会. 2009－2010 大气科学学科发展报告［M］. 北京：中国科学技术出版社，2010.

［2］ 胡雄，曾桢，张训械，等. 无线电掩星技术及其应用［J］. 电波科学学报，2002（5）：549-556.

［3］ 王也英，符养，杜晓勇，等. 全球 GNSS 掩星计划进展［J］. 气象科技，2009，37（1）：74-78.

［4］ 王也英，杜晓勇，袁勇. 我国天基 GPS 掩星探测现状及发展趋势［J］. 气象科技，2011，39（2）：202-206.

［5］ 胡雄，曾桢，张训械，等. 大气 GPS 掩星观测反演方法［J］. 地球物理学报，2005（4）：768-774.

［6］ 周义炎，吴云，乔学军，等. GPS 掩星技术和电离层反演［J］. 大地测量与地球动力学，2005，25（2）：29-35.

［7］ 郭鹏，徐会作. GPS 无线电掩星数据处理系统［J］. 中国科学院上海天文台年刊，2006（1）：118-128.

［8］ 吴小成，胡雄，张训械，等. 电离层 GPS 掩星观测改正 TEC 反演方法［J］. 地球物理学报，2006（2）：328-334.

［9］ 王鑫，吕达仁. GPS 无线电掩星技术反演大气参数方法对比［J］. 地球物理学报，2007，50（2）：346-353.

［10］ Chiu T C，Liou Y A，Yeh W H，et al. NCURO Data-retrieval Algorithm in FORMOSAT-3 GPS Radio-occultation Mission［J］. IEEE Transactions on Geoscience and Remote Sensing，2008，46（11）：3395-3405.

［11］ 彭冲，张祖强. 上对流层/下平流层 GPS 掩星资料与我国探空温度对比［J］. 气象，2012，38（9）：1033-1041.

［12］ 任广伟，王淼. 基于 STK/MATLAB 的 LEO/GPS 电离层掩星事件仿真研究［C］. 中国空间科学学会空间物理学专业委员会第十五届全国日地

空间物理学研讨会，中国湖北十堰，2013.

[13] 杜晓勇，薛震刚，符养. 星载 GNSS 掩星接收机的现状及发展趋势 [C].
中国气象学会 2003 年年会，中国北京，2003.

[14] Esterhuizen S，Franklin G，Hurst K，et al. TriG－A GNSSPrecise Orbit
and Radio Occultation Space Receiver [C]. 22nd International Technical
Meeting of the Satellite Division of the Institute of Navigation 2009,
Savannah，GA，United States：Institute of Navigation，2009.

[15] Juang J C，Tsai C T，Chen Y H. Development of a Multi－antenna GPS/
Beidou Receiver for Troposphere/Ionosphere Monitoring [C]. 25th
International Technical Meeting of the Satellite Division of the Institute of
Navigation 2012，ION GNSS 2012，Nashville，TN，United states：
Institute of Navigation，2012.

[16] 杜起飞. 风云三号 C 星 GNOS 掩星探测仪 [C]. 第三届全球华人空间/
太空天气科学大会. 中国广西桂林，2013.

[17] Pavelyev A G，Liou Y A，Wickert J，et al. Phase Acceleration：A New
Important Parameter in GPS Occultation Technology [J]. GPS Solutions,
2009，14（1）：3－11.

[18] Chen S－Y，Huang C－Y，Kuo Y－H，et al. Observational Error
Estimation of FORMOSAT－3/COSMIC GPS Radio Occultation Data [J].
Monthly Weather Review，2011，139（3）：853－865.

[19] Steiner A K，Kirchengast G，Ladreiter H P. Inversion，Error Analysis,
and Validation of GPS/MET Occultation Data [J]. Annales Geophysicae,
1998，17（1）：122－138.

[20] Schmidt T，Beyerle G，Heise S，et al. AClimatology of Multiple
Tropopauses Derived from GPS Radio Occultations with CHAMP and
SAC－C [J]. Geophysical Research Letters，2006，33（4）：273－286.

[21] Tapley B D，Bettadpur S，Watkins M，et al. The Gravity Recovery and
Climate Experiment：Mission Overview and Early Results [J].
Geophysical Research Letters，2004，31（9）：278－282.

[22] Liou Y A，Pavelyev A G，Liu S F，et al. FORMOSAT－3/COSMIC GPS
Radio Occultation Mission：Preliminary Results [J]. IEEE Transactions
on Geoscience & Remote Sensing，2007，45（11）：3813－3826.

[23] Fong C J, Yen N, Yang S K, et al. GPS Radio Occultation and Mission Results From FORMOSAT – 3/COSMIC Spacecraft Constellation [C]. 3rd International Conference on Recent Advances in Space Technologies, Istanbul, Turkey: IEEE, 2007: 748 – 753.

[24] Kuo B. MonitoringWeather, Climate and Space Weather With GPS: The COSMIC/FORMOSAT – 3 Mission [C]. Institute of Navigation National Technical Meeting, San Diego, CA, United States: Institute of Navigation, 2007.

[25] Fong C J, Shiau W T, Lin C T, et al. Constellation Deployment for the FORMOSAT – 3/COSMIC Mission [J]. IEEE Transactions on Geoscience and Remote Sensing, 2008, 46 (11): 3367 – 3379.

[26] Fong C J, Huang C Y, Chu V, et al. Mission Results from FORMOSAT – 3/COSMIC Constellation System [J]. Journal of Spacecraft & Rockets, 2008, 45 (6): 1293 – 1302.

[27] Fong C J, Yang S K, Chu N H, et al. FORMOSAT – 3/COSMIC Constellation Spacecraft System Performance: After One Year in Orbit [J]. IEEE Transactions on Geoscience and Remote Sensing, 2008, 46 (11): 3380 – 3394.

[28] Fong C J, Yen N, Chu V, et al. Constellation Challenges and Contributions of Taiwan Weather Monitoring Satellites [C]. IEEE Aerospace Conference, Big Sky, MT, United states: IEEE, 2008: 1 – 11.

[29] Tseng T – P, Hwang C, Yang S K. Assessing Attitude Error of FORMOSAT – 3/COSMIC Satellites and Its Impact on Orbit Determination [J]. Advances in Space Research, 2012, 49 (9): 1301 – 1312.

[30] Aragon – Angel A. A newTechnique to Improve the Electron Density Retrieval Accuracy: Application to FORMOSAT – 3/COSMIC Constellation [C]. 21st International Technical Meeting of the Satellite Division of the Institute of Navigation. Savannah, GA, United States: The Institute of Navigation, 2008.

[31] Kakinami Y, Liu J Y, Tsai L C, et al. Ionospheric Electron Content Anomalies Detected by a FORMOSAT – 3/COSMIC Empirical Model before and after the Wenchuan Earthquake [J]. International Journal of

Remote Sensing, 2010, 31 (13): 3571 - 3578.

[32] Liu L, Wan W, Ning B, et al. Longitudinal Behaviors of the IRI - B Parameters of the Equatorial Electron Density Profiles Retrieved from FORMOSAT - 3/ COSMIC Radio Occultation Measurements [J]. Advances in Space Research, 2010, 46 (8): 1064 - 1069.

[33] Kumar V, Dhaka S K, Choudhary R K, et al. On the Occurrence of the Coldest Region in the Stratosphere and Tropical Tropopause Stability: A study Using COSMIC/FORMOSAT - 3 Satellite Measurements [J]. Journal of Atmospheric and Solar - Terrestrial Physics, 2014, 121: 271 - 286.

[34] Cherniak I V, Zakharenkova I E. Validation of FORMOSAT - 3/COSMIC Radio Occultation Electron Density Profiles by Incoherent Scatter Radar Data [J]. Advances in Space Research, 2014, 53 (9): 1304 - 1312.

[35] Fong C J, Yen N L, Chu V, et al. Space - Based Global Weather Monitoring System: FORMOSAT - 3/COSMIC Constellation and Its Follow - On Mission [J]. Journal of Spacecraft &. Rockets, 2009, 46 (4): 883 - 891.

[36] Cook K, Wilczynski P. COSMIC - 2: The Future of Global Navigation Satellite System - Remote Observation (GNSS - RO) Sensing [C]. 2010 30th IEEE International Geoscience and Remote Sensing Symposium, Honolulu, United States: IEEE, 2010.

[37] Cook K, Fong C J, Wenkel M J, et al. COSMIC - 2/FORMOSAT - 7: The Future of Global Weather Monitoring and Prediction [C]. 2015 IEEE Aerospace Conference, AERO 2015, Big Sky, MT, United states: IEEE Computer Society, 2015.

[38] Baumgaertner A J G, Mcdonald A J. AGravity Wave Climatology for Antarctic Compiled from Challenging Minisatellite Payload/Global Positioning System (CHAMP/GPS) Radio Occultations [J]. Journal of Geophysical Research Atmospheres, 2007, 112 (D5): 1423 - 1433.

[39] Montenbruck O, Andres Y, Bock H, et al. Tracking andOrbit Determination Performance of the GRAS Instrument on MetOp - A [J]. Gps Solutions, 2008, 12 (4): 289 - 299.

[40] Kirchengast G, Hoeg P. The ACE + Mission: An Atmosphere and

Climate Explorer based on GPS, GALILEO, and LEO - LEO Radio Occultation [M]. Occultations for Probing Atmosphere and Climate, Springer Berlin Heidelberg, 2004: 201 - 220.

[41] Bi Y M, Yang Z D, Zhang P, et al. AnIntroduction to China FY3 Radio Occultation Mission and Its Measurement Simulation [J]. Advances in Space Research, 2011, 49 (7): 797 - 821.

[42] 王树志, 朱光武, 白伟华, 等. 风云三号 C 星全球导航卫星掩星探测仪首次实现北斗掩星探测 [J]. 物理学报, 2015 (8): 408 - 415.

[43] 张育林. 卫星星座理论与设计 [M]. 北京: 科学出版社, 2008.

[44] Ma D M, Hong Z C, Lee T H, et al. Design of a Micro - satellite Constellation for Communication [J]. Acta Astronautica, 2013, 82 (1): 54 - 59.

[45] Viet, Phuong, Pham, et al. Micro - satellite Constellation The Challenges and the Possible Contribution of VNSC [J]. Commonwealth Forestry Review, 2014, 74 (2): 107 - 110.

[46] Liu S, Fan Y, Gao M. Natural Disaster Reduction Applications of the Chinese Small Satellite Constellation for Environment and Disaster Monitoring and Forecasting [C]. Society of Photo - Optical Instrumentation Engineers (SPIE) Conference Series, 2013: 909 - 927.

[47] He J F, Jiang G X, et al. Simulation and Analysis on the Performances of IGSO Satellite Constellation [C]. 11th IEEE International Conference on Communication Technology, Hangzhou, China: IEEE, 2008.

[48] Jiang Y. Coverage Performance Analysis on Combined - GEO - IGSO Satellite Constellation [J]. Journal of Electronics, 2011, 28 (2): S791 - S792.

[49] 王启宇, 袁建平, 朱战霞. 对地观测小卫星星座设计及区域覆盖性能分析 [J]. 西北工业大学学报, 2006 (4): 427 - 430.

[50] Ortore E, Ulivieri C. A Small Satellite Constellation for Continuous Coverage of Mid - low Earth Latitudes [J]. Journal of the Astronautical Sciences, 2008, 56 (2): 185 - 198.

[51] Su - Dan L I, Zhu J, Guang - Xia L I. Optimization of MEO Regional Communication Satellite Constellation with Genetic Algorithm [J]. Acta Simulata Systematica Sinica, 2005.

［52］ Walker J G. Continuous Whole Earth Coverage by Circular Orbit Satellites ［R］. Royal Aircraft Establishment，Farnborough，UK，March，1977.

［53］ Ballard A H. Rosette Constellation of Earth Satellites ［J］. IEEE Transactions on Aerospace and Electronic Systems，1980，16（5）：656 - 673.

［54］ Adams W S，Rider L. CircularPolar Constellations Providing Continuous Single or Multiple Coverage above a Specified Latitude ［J］. Journal of the Astronautical Sciences，1987，35（2）：155 - 192.

［55］ Wilkins P M，Mortari D. Constellation Design via Projection of Anarbitrary Shape onto a Flower Constellation Surface ［C］. 2004 AIAA AAS Astrodynamics Specialist Conference，Providence，Rhode Is - land：AIAA AAS，August，2004：16 - 19.

［56］ 林木. 运载火箭上面级功能与技术发展分析 ［J］. 上海航天，2013，30（3）：33 - 38.

［57］ 杨华，陈宗基，秦旭东. 运载火箭上面级姿控技术研究 ［J］. 航天控制，2011，29（6）：84 - 87.

［58］ Schreiner W，Rocken C，Sokolovskiy S，et al. Estimates of the Precision of GPS Radio Occultations From the COSMIC/FORMOSAT - 3 Mission ［J］. Geophysical Research Letters，2007，34（4）：545 - 559.

［59］ Thombre S，Tchamov N N，Lohan S，et al. Effects of Radio Front - end PLL Phase Noise on GNSS Baseband Correlation ［J］. Navigation，Journal of the Institute of Navigation，2014，61（1）：13 - 21.

［60］ 徐晓华，李征航，罗佳. LEO 星座参数对 GPS 掩星数量和时空分布影响的模拟研究 ［J］. 测绘学报，2005，34（4）：305 - 311.

［61］ 宫晓艳. 大气无线电 GNSS 掩星探测技术研究 ［D］. 北京：中国科学院研究生院（空间科学与应用研究中心），2009.

［62］ Juang J C，Tsai Y F，and Chu C H. On Constellation Design of Multi - GNSS Radio Occultation Mission ［J］. Acta Astronautica，2013，82（1）：88 - 94.

［63］ 吕秋杰，徐明，蒙薇，等. 掩星探测的发生条件及预报算法研究 ［C］. 第二十三届全国空间探测学术交流会，中国福建厦门，2010.

［64］ 徐晓华，李征航，罗佳. 单颗 LEO 卫星轨道参数对 GPS 掩星事件分布和适量影响的模拟研究 ［J］. 武汉大学学报（信息科学版），2005，30

(7)：609－612.

［65］ 符俊，钱山，张士峰，等．基于 STK 的 GPS/LEO 无线电掩星技术仿真研究 ［J］．空间科学学报，2010 （6）：567－572.

［66］ 赵世军，孙学金，朱有成，等．LEO 卫星轨道参数对 GPS 掩星数量和分布的影响 ［J］．解放军理工大学学报，2002，3 （2）：85－89.

［67］ Park H，Camps A，Pascual D，et al. Improvement of the PAU/PARIS End － to － end Performance Simulator （P 2EPS） inPreparation for Upcoming GNSS － R Missions ［C］．Geoscience and Remote Sensing Symposium （IGARSS），2013 IEEE International. 2013：362－365.

［68］ 徐晓华．利用 GNSS 无线电掩星技术探测地球大气的研究 ［D］．武汉：武汉大学，2003.

［69］ 刘琳．掩星探测系统卫星星座优化研究 ［D］．北京：北京航天航空大学，2006.

［70］ 吴小成．电离层无线电掩星技术 ［D］．北京：中国科学院研究生院（空间科学与应用研究中心），1996.

［71］ Cook K，Fong C J，Wenkel M J，et al. FORMOSAT － 7/COSMIC － 2 GNSS Radio Occultation Constellation Mission for Global Weather Monitoring ［C］．2013 IEEE Aerospace Conference，AERO 2013，Big Sky，MT，United states：IEEE Computer Society，2013.

［72］ 崔红正，韩潮．基于混合蚁群算法的掩星星座优化设计 ［J］．上海航天，2011，28 （5）：18－23.

［73］ Monseco E H，Garcia A M，Merino M M R. ELCANO：Constellation Design Tool ［J］．Proceedings of the IAIN World Congress and Annual Meeting of the Institute of Navigation，2000：140－150.

［74］ Ely T A，Williams W A. Satellite Constellation Design for Zonal Coverage Using Gennetic Algorithms ［J］．Journal of Astronautical Sciences，1999，47 （3）：207－228.

［75］ Budianto I A，Olds J R. Design and Deployment of a Satellite Constellation Using Collaborative Optimization ［J］．Journal of Spacecraft & Rockets，2004，41 （41）：956－963.

［76］ 魏蛟龙，岑朝辉．基于蚁群算法的区域覆盖卫星星座优化设计 ［J］．通信学报，2006，27 （8）：62－66.

［77］ 张捍卫，李彬华，杨磊，等．关于大气分布模型［J］．天文研究与技术：国家天文台台刊，2005，2（4）：278 - 284.

［78］ Shaikh M M，Notarpietro R，Yin P. Analyzing Scintillation Using Ionospheric Asymmetry Index［C］. 27th International Technical Meeting of the Satellite Division of the Institute of Navigation，ION GNSS 2014，Tampa，FL，United States：Institute of Navigation，2014.

［79］ Brunini C，Azpilicueta F，Janches D. An Attempt to Establish a Statistical Model of the Day - to - day Variability of the NmF2 and HmF2 Parameters Computed from IRI［J］. Advances in Space Research，2014，55（8）：2033 - 2040.

［80］ 严豪键，符养，洪振杰．天基 GPS 气象学与反演技术［M］．北京：中国科学技术出版社，2006.

［81］ Hofmann - Wellenhof B，Lichtenegger H，Collins J. Global Positioning System［J］. Computer Science & Communications Dictionary，1998，13（1）：485 - 486.

［82］ Sergey K，Sergey R，Suriya T. GLONASS as A Key Element of the Russian Positioning Service［J］. Advances in Space Research，2007，39（10）：1539 - 1544.

［83］ Tang X U，Xiufeng H E，Andamakorful S A. The Performance of BDS Relative Positioning Usage with Real Observation Date［J］. Bol. ciênc. geod，2014，20（2）：223 - 236.

［84］ Zhou C. The Beidou Satellite Navigation System［J］. China Today，2010（6）：62 - 63.

［85］ Álvaro Mozo - García，Herráiz - Monseco E，Martín - Peiró A B，et al. Galileo Constellation Design［J］. Gps Solutions，2001，4（4）：9 - 15.

［86］ Fong C J，Yen N L，Chu N H，et al. In Quest of Global Radio Occultation Mission for Meteorology Beyond 2011［C］. 2009 IEEE Aerospace Conference，Big Sky，MT，United states：IEEE Computer Society，2009.

［87］ Pham V C，Juang J C. Assessment of Simultaneous GNSS Radio Occupation Data for Ionosphere Probing［C］. 27th International Technical Meeting of the Satellite Division of the Institute of Navigation，ION GNSS

2014，Tampa，FL，United states：Institute of Navigation，2014.

［88］ 陈德辉，薛纪善．数值天气预报业务模式现状与展望［J］．气象学报，2004，62（5）：623－633.

［89］ 佘明生，戴超．卫星星座设计概述［J］．中国空间科学技术，1996（6）：45－49.

［90］ 范丽．卫星星座一体化优化设计研究［D］．长沙：国防科学技术大学，2006.

［91］ 郭爱斌，米洁，董晓琴，等．概念设计集成系统与星座方案探索［J］．北京航空航天大学学报，2007，33（5）：613－617.

［92］ 刘广军，张帅，沈怀荣．星座设计中的安全性问题研究［J］．航天控制，2005，23（3）：69－73.

［93］ 项军华，范丽，张育林．卫星星座结构自稳定设计研究［J］．飞行力学，2007，（4）：81－85.

［94］ Razoumny Y N，Razoumny V Y. Constellation Design for Earth Periodic Coverage in Low Orbits with Minimal Satellite Swath［C］.58th International Astronautical Congress，Hyderabad，India：IAF，2007.

［95］ 刘广军，沈怀荣．星座设计中的卫星备份策略与置信度研究［J］．装备指挥技术学院学报，2005，16（1）：67－70.

［96］ 蒋虎．LEO卫星轨道设计中的主要摄动源影响评估［J］．云南天文台台刊，2002（2）：29－34.

［97］ 妥艳君，刘云，李艳．LEO/MEO星座组网设计与分析［J］．电子科技大学学报，2010，39（1）：50－54.

［98］ Liang J，Xiao N，Zhang J.Constellation Design and Performance Simulation of LEO Satellite Communication System［M］.Applied Informatics and Communication，Springer Berlin Heidelberg，2011：218－227.

［99］ 曾德林．快速响应小卫星星座设计及覆盖性能仿真分析［J］．计算机仿真，2014（06）：73－77＋119.

［100］ Loscher A，Retscher，Fusco L，et al. Variational Optimization for Global Climate Analysis on ESA's High Performance Computing Grid［J］.Remote Sensing of Environment，2008，112（4）：1450－1463.

［101］ 王绍凯，崔红正，韩潮．超地平覆盖飞行器组网星座优化设计［J］．哈

尔滨工业大学学报，2013，45（7）：109-114.

[102] 李柏，李伟. 高空气象探测系统现状分析与未来发展 [J] . 中国仪器仪
表，2009（6）：19-23.

[103] Poli P，Healy S B，Rabier F，et al. Preliminary Assessment of the
Scalability of GPS Radio Occultations Impact in Numerical Weather
Prediction [J] . Geophysical Research Letters，2008，35（23）：285-295.

[104] Lee J，Cho J，Baek J，et al. A Research of Applying GNSS Based
Meteorological Data on Operational Weather Forecasting [C] . 60th
International Astronautical Congress 2009，Daejeon，Korea，Republic of：
IAF，2009.

[105] Choy S，Zhang K，Wang C S，et al. Remote Sensing of the Earth's Lower
Atmosphere During Severe Weather Events Using GPS Technology：A study in
Victoria，Australia [J] . Proceedings of International Technical Meeting of the
Satellite Division of the Institute of Navigation，2011：559-571.

[106] Kuleshov Y，Fu E，Chane-Ming F，et al. Climate Analysis in the
Australasian Region Using Space-and Ground-based GPS Techniques
[C] . 34th Asian Conference on Remote Sensing 2013 Bali，Indonesia：
Asian Association on Remote Sensing，2013.

[107] Yue X，Schreiner W S，Kuo Y H，et al. GNSS Radio Occultation
Technique and Space Weather Monitoring [C] . 26th International
Technical Meeting of the Satellite Division of the Institute of Navigation，
ION GNSS 2013，Nashville，TN，United States：Institute of
Navigation，2013.

[108] Rennie M P. The Impact of GPS Radio Occultation Assimilation at the Met
Office [J] . Quarterly Journal of the Royal Meteorological Society，2010，
136（646）：116-131.

[109] Sahara H. Evaluation of a Satellite Constellation for Active Debris Removal
[J] . Acta Astronautica，2014，105（1）：136-144.

[110] 段彬，韩潮. 卫星星座仿真系统的设计和实现 [J] . 计算机仿真，2002
（6）：37-38+12.

[111] Loscher A，Retscher，Fusco L，et al. Variational Optimization for Global
Climate Analysis on ESA's High Performance Computing Grid [J] .

Remote Sensing of Environment, 2008, 112 (4): 1450 - 1463.

[112] Wang K, Franklin S E, Guo X. The Applicability of a Small Satellite Constellation in Classification for Large - area Habitat Mapping: A Case Study of DMC Multispectral Imagery in West - Central Alberta [J]. Canadian Journal of Remote Sensing, 2010, 36 (6): 671 - 681.

[113] Cook K L B, Wilczynski P, Fong C J, et al. The Constellation Observing System for Meteorology Ionosphere and Climate Follow - on Mission [C]. Proceedings of the 2011 IEEE Aerospace Conference, IEEE Computer Society, 2011: 1 - 7.

[114] Fong C J, Yen N L, Chang G S, et al. Future Low Earth Observation Radio Occultation Mission: From Research to Operations [C] . 2012 IEEE Aerospace Conference, Big Sky, MT, United States: IEEE Computer Society, 2012.

[115] Xue Y, Li Y, Guang J, et al. Small Satellite Remote Sensing and Applications - History, Current and Future [J] . International Journal of Remote Sensing, 2008, 29 (15): 4339 - 4372.

[116] Ma D M, Hong Z C, Lee T H, et al. Design of a Micro - satellite Constellation for Communication [J] . Acta Astronautica, 2013, 82 (1): 54 - 59.

[117] 连全斌, 张乃通, 张中兆. 地带性覆盖星座通用优化设计方法研究 [J]. 高技术通讯, 2001 (5): 54 - 59.

[118] Nadoushan M J, Novinzadeh A B. Satellite Constellation Build - up via Three - body Dynamics [J] . Proceedings of the Institution of Mechanical Engineers, Part G: Journal of Aerospace Engineering, 2014, 228 (1): 155 - 160.

[119] 崔红正, 韩潮. 基于快速性能计算算法和序优化的卫星星座构型设计研究 (英文) [J] . Chinese Journal of Aeronautics, 2011, (5): 631 - 639.

[120] 郦苏丹, 朱江, 李广侠. 基于多目标进化算法的低轨区域通信星座优化设计 [J] . 解放军理工大学学报 (自然科学版), 2005 (1): 1 - 6.

[121] Chang H, Hu X, Zhang Y, et al. Optimization of Regional Navigation Satellite Constellation by Improved NSGA - II Algorithm [C]. International Conference on Space Information Technology 2009, Beijing,

China，2010.

[122] 范丽，张育林. 区域覆盖混合星座设计 [J]. 航天控制，2007（6）：52 - 55.

[123] Wang J F，Du B Q，Ding H M. A Genetic Algorithm for the Flexible Job - Shop Scheduling Problem [J]. Computers & Operations Research，2008，35（10）：3202 - 3212.

[124] Ozdemir H I，Raquet J F，Lamont G B. Design of A Regional Navigation Satellite System Constellation Using Genetic Algorithms [C]. 21st International Technical Meeting of the Satellite Division of the Institute of Navigation，Savannah，GA，United States：The Institute of Navigation，2008.

[125] 胡修林，王贤辉，曾喻江. 基于遗传算法的区域性 Flower 星座设计 [J]. 华中科技大学学报（自然科学版），2007，35（6）：8 - 10.

[126] 吴廷勇，吴诗其. 基于遗传算法的区域覆盖共地面轨迹卫星星座的优化设计 [J]. 系统仿真学报，2007，19（11）：2583 - 2586.

[127] Dorigo M，Gambardella L M. Ant Colony System：A Cooperative Learning Approach to the Traveling Salesman Problem [J]. IEEE Transactions on Evolutionary Computation，1997，1（1）：53 - 66.

[128] Tan G，Zeng Q，Li W. Design of PID Controller with Incomplete Derivation based on Ant System Algorithm [J]. Journal of Control Theory & Applications，2004，2（2）：246 - 252.

[129] He Q，Han C. Satellite Constellation Design with Adaptively Continuous Ant System Algorithm [J]. Chinese Journal of Aeronautics，2007，20（4）：297 - 303.

[130] Budianto I A，Olds J R. Design and Deployment of a Satellite Constellation Using Collaborative Optimization [J]. Journal of Spacecraft and Rockets，2004，41（6）：956 - 963.

[131] Sanchez D M，Yokoyama T，Brasil P I D O，et al. Some Initial Conditions for Disposed Satellites of the Systems GPS and Galileo Constellations [J]. Mathematical Problems in Engineering，2009，16（4）：266 - 287.

[132] 戴邵武，马长里，李宇，等. 基于"北斗二代"的卫星星座设计 [J].

海军航空工程学院学报，2010，25（1）：1－5.

[133] Wang J Y，Liang B. Study on Compass Occultation Satellite Constellation Design [C]. Proceedings of the 33rd Chinese Control Conference，CCC 2014，Nanjing，China：IEEE Computer Society，2014.

[134] Nunes M A. Satellite Constellation Optimization Method for Future Earth Observation Missions Using Small Satellites [C]. 13th International Space Conference of Pacific － Basin Societies，ISCOPS 2012 Kyoto，Japan：Univelt Inc，2013.

[135] Yang H，Jiang Y，Baoyin H. Fuel Efficient Control Strategy for Constellation Orbital Deployment [J]. Aircraft Engineering and Aerospace Technology，2015，88（1）：159－167.

[136] 胡松杰，申敬松，郇佩. 基于参考轨道的 Walker 星座相对相位保持策略 [J]. 空间控制技术与应用，2010，36（5）：45－49.

[137] Wertz J R，Collins J T，Dawson S，et al. Autonomous Constellation Maintenance [C]. IAF Workshop on Satellite Constellations，Toulouse，France，1997.

[138] Mcinnes C R. Autonomous Ring Formation for a Planar Constellation of Satellite. Journal of Guidance，Control，and Dynamics，1995，18（5）：1215－1217.

[139] Lamy A，Pascal S. Station Keeping Strategies for Constellations of Satellites. Spaceflight Dynamics，1993（84）：819－833.

[140] P B，M－S C S. Automatic Maneuver Planning for Maintenance of Satellite Constellation Geometry [C]. Flight Mechanics Symposium Greenbelt，MD，1997.

[141] Glickman R E. The Timed － Destination Approach to Constellation Formation Keeping [C]. AAS/AIAA Spaceflight Mechanics Meeting，Florida，USA，1994.

[142] Ulybyshev Y. Long － Term Formation Keeping of Satellite Constellation Using Linear － Quadratic Controller [J]. Journal of Guidance，Control，and Dynamics，1998，21（1）：109－115.

[143] E L，F D，Bernussou. A Linear Programming Solution to the Homogeneous Satellite Constellation Station Keeping [C]. International Astronautical

Congress，Turin，Italy，1997.

[144] R M C. Autonomous Ring Formation for a Planar Constellation of Satellites [J]. Journal of Guidance Control and Dynamics，1995，18（5）：1215－1217.

[145] Calvet J，Kardoudi G. A Multilevel Approach for the Station－keeping of a Phased Satellite Constellation ［C］.13th Triennial World Congress，San Francisco，USA.

[146] Beard R. Architecture and Algorithms for Constellation Control ［R］. Brigham Young University，1998.

[147] Evandro M R，Marcelo L，Antonio F B. Multi－Objective Optimization Approach Applied to Station Keeping of Satellite Constellations ［C］. AAS/AIAA Astrodynamics Conference，Quebec，Canada，2001.

[148] Shah N H. Autonated Station－Keeping for Satellite Constellations ［D］. Cambridge，USA：Massachusetts Institute of Technology，1997.

[149] Schetter T，Campbell M，Surka D. Multiple Agent－Based Autonomy for Satellite Constellations ［J］. Artificial Intelligence，2003（145）：147－180.

[150] Wertz J R，Collins J T，Koenigsmann J. Autonimous Constellation Maintenance ［C］. IAF Workshop on Satellite Constellation，Toulouse，France，1997.

[151] 白鹤峰. 卫星星座的分析设计与控制方法研究 ［D］. 长沙：国防科学技术大学，1999.

[152] 项军华. 卫星星座构形控制与设计研究 ［D］. 长沙：国防科学技术大学，2007.

[153] Xiang J，Zhang Y. A Coordinate Control Method for Stationkeeping of Regressive Orbit Regional Coverage Satellite Constellation ［C］. Chinese Control Conference，Harbin，China，2006.

[154] 向开恒. 卫星星座的站位保持与控制研究 ［D］. 北京：北京航空航天大学，1999.